DEMMLER VERLAG

Herausgegeben und gefördert von der
Heinrich-Schliemann-Gesellschaft Ankershagen e.V.
und dem Heinrich-Schliemann-Klub Neubukow e.V.
aus Anlaß des 175. Geburstages
von Heinrich Schliemann 1997

*

Martin Karsten (1890–1995)
Dem Enkel von Louise Schliemann, verh. Pechel,
und Förderer des Heinrich-Schliemann-Museums
Ankershagen gewidmet.

Wilfried Bölke

Heinrich Schliemann

Ein berühmter Mecklenburger

DEMMLER VERLAG

Titelbild: Heinrich Schliemann, Ölgemälde von Sydny Hodges
Heinrich-Schliemann-Museum Ankershagen
Reproduktion: Hubert Metzger, Bolz

Lektorat: Bernd Grabowski, Berlin
Dr. Margot Krempien, Schwerin

Abbildungsnachweis: Siehe Seite 244

Für die Bereitstellung der Fotos und Dokumente und die Veröffentlichungsgenehmigung sei dem Heinrich-Schliemann-Museum Ankershagen, der Heinrich-Schliemann-Gedenkstätte Neubukow, dem Mecklenburgischen Landeshauptarchiv Schwerin, dem Archiv der Evangel.-Luther. Landeskirche Mecklenburgs, Schwerin, der Landesbibliothek Mecklenburg-Vorpommern in Schwerin, der Genadios-Bibliothek Athen, Herrn Wieland Bahlcke, Hann. Münden, Herrn Hans A. Kruse, Neubukow und Herrn Dr. Wilfried Bölke, Ankershagen ganz herzlich gedankt.

Bahnhofstraße 36
19057 Schwerin
Telefon/Fax: (03 85) 4 84 49 79

Satz/Repro: TypoLiner GmbH Leipzig
Druck: Graficas Santamaria, S.A.

ISBN 3-910150-36-5

INHALT

Vorwort

Vorliegendes Buch erscheint aus Anlaß des 175. Geburtstages Heinrich Schliemanns im Jahre 1997. Es ist einem Mecklenburger gewidmet, der als Altertumsforscher und Ausgräber in der ganzen Welt bekannt ist.

Als im Jahre 1873 die Nachricht vom sensationellen Fund des „Priamos-Schatzes" verbreitet wurde, war plötzlich der aus Mecklenburg stammende Pfarrersohn, der als Kaufmann in Rußland ein großes Vermögen verdient hatte, in aller Munde. Mit Erstaunen vernahm man, daß sich der krasse Außenseiter, der keine höhere Schulbildung besaß, die Ausgrabung des legendären Troja zum Lebensziel gestellt hatte. Schliemanns Ruhm wurde später durch weitere spektakuläre Grabungserfolge in Mykene, Tiryns und Orchomenos noch vermehrt.

Schliemannbiographen und -forscher haben bis in die neuere Zeit zahlreiche Fachartikel und Bücher über das Leben und Wirken Schliemanns geschrieben. Seine Kindheit und Jugend in Mecklenburg wurde dabei eher am Rande behandelt. Diesem Thema hat sich der Autor in den letzten Jahren besonders gewidmet.

In diesem Buch wird über Schliemanns Herkunft, sein Elternhaus, seine Erziehung und sein Bildungsweg sowie über die Lebensstationen in Mecklenburg berichtet. Die autobiographischen Aussagen Schliemanns werden den Äußerungen in seinen Briefen gegenübergestellt und durch eigene Forschungsergebnisse ergänzt. Dabei wird deutlich, daß Schliemann in seiner Selbstbiographie die Kinder- und Jugendzeit aus der Rückschau des bereits erfolgreichen Archäologen nach seinen Wunschvorstellungen dargestellt hat – sie entspricht in manchen Passagen nicht der Realität.

Der Beschreibung des frühen Lebensabschnittes Schliemanns (Kapitel I–VI) hat der Autor die von ihm stammenden ersten zwei Kapitel der 1990 im Verlag Neues Leben erschienenen Biographie „Heinrich Schliemann – Odyssee seines Lebens" zugrundegelegt (Verfasser Tom Crepon und Wilfried Bölke). Das Buch ist schon seit Jahren vergriffen und erfreut sich noch heute eines großen Interesses. Der betreffende Text wurde für das vorliegende Buch überarbeitet, ergänzt und aktualisiert.

Der zweite Teil des Buches zeigt, wie sehr Schliemann, der die meisten Jahre seines Lebens im Ausland verlebt hat, mit dem Herzen seiner Heimat Mecklenburg verbunden geblieben ist.

Ausgewertet wurde die neuere Schliemannliteratur, der bisher veröffentlichte Briefwechsel zwischen Schliemann und seinem Vater, seinen Brüdern und in Mecklenburg seßhaft gebliebenen Schwestern, seinen Freunden und Bekannten aus der Jugendzeit sowie seine Korrespondenz mit namhaften Wissenschaftlern Mecklenburgs und den mecklenburgischen Herrscherhäusern. Erstmals wird auch über die freundschaftliche Beziehung Schliemanns zu Friedrich Schlie, dem Direktor der Großherzoglichen Kunstsammlungen in Schwerin berichtet.

Die Leser lernen einen Schliemann kennen, den viele so nicht vermuten werden: als treusorgendes „Familienoberhaupt“ mit ausgeprägtem Familiensinn, als anhänglichen und plaudernden Freund, aber auch als hilfsbereiten Menschen, der in Not geratene Bekannte und Tagelöhner aus seiner mecklenburgischen Heimat finanziell unterstüzt.

Aus Schliemanns Briefen spricht eine tiefempfundene Sehnsucht nach seiner früheren Heimat, die zunimmt, je älter er wird. Nur selten, und meist nur für Stunden, besucht Schliemann die Stätten seiner Kindheit, um mit seinen Familienangehörigen und Freunden zusammenzutreffen, zu sehr wird er von seinen wissenschaftlichen Arbeiten in Anspruch genommen.

Das Buch schließt mit einer Dokumentation über die Errichtung des Schliemanndenkmals in Schwerin.

Ankershagen, im November 1996 — *Wilfried Bölke*

KINDHEIT UND JUGEND IN MECKLENBURG

I.
NEUBUKOW (1822–1823)
„Wie fast alle Pfarrer … hatte mein Vater neun Kinder und kein Geld …“

Heinrich Schliemann ist ein Sonntagskind, schon seine Geburt steht unter schicksalhaften Vorzeichen. Louise Schliemann, Heinrichs Mutter, wird sich am 6. Januar des Jahres 1822 kaum Gedanken darüber gemacht haben. Der 29jährigen ist diese Geburt schwergefallen, die fünfte Niederkunft in ihrer achtjährigen Ehe mit dem Pastor Ernst Schliemann. Die Lebenskraft der zarten Frau ist durch die schnelle Geburtenfolge frühzeitig aufgebraucht worden.

Der Neugeborene ist ein schwächlicher Knabe. Der Vater hatte sich einen männlichen Nachfolger gewünscht, einen Stammhalter, der den Namen der Familie weitergeben konnte. Die Töchter Elise, Dorothea und Wilhelmine sind der ganze Stolz der Eltern und entwickeln sich zu deren vollsten Zufriedenheit. Das Sorgenkind der Familie ist ihr erstes Kind, der Sohn Heinrich. Inzwischen sechs Jahre alt, ist er seit einiger Zeit schwer erkrankt. Die Ärzte machen den Eltern wenig Hoffnung und haben sie auf das Schlimmste vorbereitet.

Kirche in Neubukow

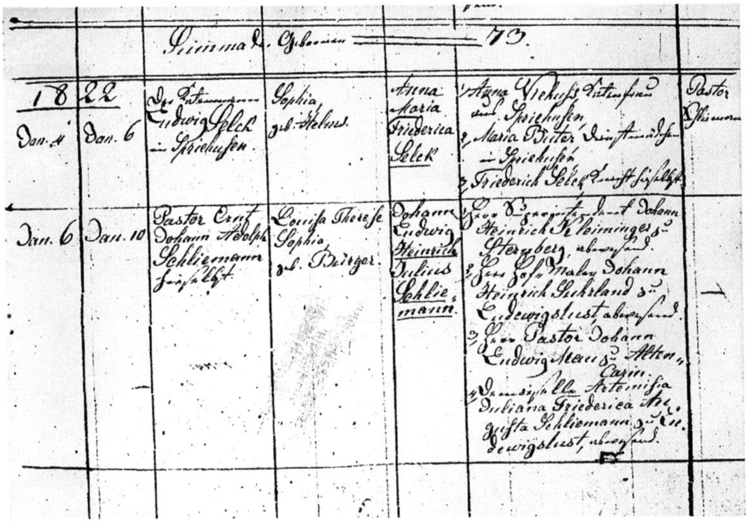

Geburts- und Taufregister von Neubukow, 1822

Vier Tage nach Heinrich Schliemanns Geburt wird der Neugeborene von seinem Vater am 10. Januar 1822 in der evangelischen Kirche von Neubukow getauft. Diese Kirche ist dem heiligen Nikolaus – Schutzpatron der Seefahrer und Kaufleute – geweiht. Niemand ahnt, daß der Täufling später diesen Schutzheiligen einige Male dringend brauchen würde. Der Pastor Ernst Schliemann trägt die vier Vornamen in das Taufregister seiner Kirchgemeinde ein: Johann Ludwig Heinrich Julius. Es sind die Vornamen der Taufpaten:

Ernst Schliemann
(1780–1870)

Superintendent Heinrich Kleiminger aus Sternberg, Hofmaler Johann Suhrland aus Ludwigslust, Pastor Ludwig Mau aus Alten-Carin und die Tante Juliana Schliemann aus Ludwigslust. Der Rufname *Heinrich* wird vom Vater durch Unterstreichen festgelegt.

Der totkranke Erst-Heinrich stirbt zwei Monate später. Er wird unseren Heinrich durch seine „Nachfolgebruderschaft" psychisch belasten.

Neubukow, nahe der Ostsee bei Wismar, ist mit seinen rund 1800 Einwohnern eine der kleinsten mecklenburgischen Städte und eine typische Handwerker- und Ackerbürgerstadt. Obwohl in unmittelbarer Nähe von Doberan, der Sommerresidenz des Großherzogs von Mecklenburg-Schwerin, und vom ersten Seebad am Heiligen Damm an der Ostsee gelegen, bleibt das kleinstädtische Leben davon unbeeinflußt.

Schliemanns Geburtshaus, das Pfarrhaus des Ortes, eines von 152 Häusern dieses Landstädtchens, befindet sich in einem bedauernswerten Zustand. Immer wieder machen sich größere Reparaturarbeiten notwendig. Die Außenwand des Vorderhauses ist mit ihren sechs Fenstern zur Abdichtung mit Brettern verkleidet. Die Wohnräume sind kleine niedrige Stuben, einfach geweißt und mit Bretterfußböden. 60 Jahre später – noch zu Lebzeiten Schliemanns – muß es wegen Baufälligkeit abgerissen werden und einem mehrstöckigen neugotischen Nachfolgebau aus Backstein weichen.

Heinrichs Vater, *Ernst J*ohann Adolph Schliemann, im

Geburtshaus Schliemanns
in Neubukow (links)

Jahre 1780 in Gresse bei Hagenow geboren, ist seit 1814 gewählter evangelischer Pfarrer in Neubukow. Er entstammt einer in Mecklenburg alteingesessenen Pfarrers-, Bauern- und Kaufmannsfamilie, deren Stammbaum seit Anfang des 17. Jahrhunderts in Wismar und der näheren Umgebung (Poel) urkundlich nachgewiesen werden kann.

An einer Wange des Kirchgestühls in der St.-Georgen-Kirche zu Wismar befand sich bis zu ihrer Zerstörung im Jahre 1945 das holzgeschnitzte Wappen der Schliemanns. Es zeigt einen wildaussehenden, vollbärtigen Mann, der im fließenden Wasser steht. In seiner erhobenen Rechten hält er einen Knüppel. Die linke Hand liegt auf dem Herzen. Ein großer Fisch schwimmt an dem Mann vorbei.

Das Familienwappen symbolisiert die Herkunft des Geschlechtes Schliemanns, das im 13. und 14. Jahrhundert während der Ostkolonisation aus der Gegend von Schleswig (die Bucht Schlei wird niederdeutsch „Schlie" gesprochen) nach Mecklenburg eingewandert sein soll.

Zwei Eigenschaften seiner Familienmitglieder scheint das Wappen sinnfällig zu deuten: leidenschaftliche, wilde Entschlossenheit und eine starke Emotionalität. Wenn dies die bestimmenden Charakterzüge der Schliemanns in der Vergangenheit waren, so hat der bedeutendste Sproß der Familie – der Kaufmann und Archäologe Heinrich Schliemann – das meiste von beidem zum Erbteil erhalten.

Der Vater Schliemanns hat das Gymnasium in Altona besucht und war dort, vor den Toren der Weltstadt Hamburg, Lehrer geworden. Im Interesse einer sicheren Versorgung hatte er in Halle an der Saale noch das Studium der Theologie aufgenommen. Nach dessen Abschluß wird der Vater Heinrich Schliemanns mit 31 Jahren Konrektor im mecklenburgischen Städtchen Sternberg. Hier lernt er seine spätere Frau, *Louise* Therese Sophia Bürger, kennen. Sie ist

Wappen der Familie Schliemann

die Tochter des Rektors und späteren Bürgermeisters von Sternberg.

Im Jahre 1813 heiratet Ernst Schliemann die um 13 Jahre jüngere Frau. Louise ist empfindsamen Gemütes, musisch begabt und von duldsamem Charakter. Von ihr existiert leider keine Fotographie.

Vater Bürger hat seiner Tochter dringend von der Heirat mit Ernst Schliemann abgeraten. Es ist wohl weniger der – keinesfalls ungewöhnliche – Altersunterschied, der ihn beunruhigt, vielmehr das unstete, impulsive Wesen seines Stellvertreters. Ernst Schliemann entwickelt wenig beruflichen Ehrgeiz. Der Wunsch, ein bequemes, sorgenfreies Leben zu führen, macht ihn leichtsinnig, egoistisch und hemmungslos gegen andere.

Im Jahr nach der Heirat nutzt Ernst Schliemann die Gelegenheit, sich und seine Frau dem Einfluß des Schwiegervaters zu entziehen. Die Pfarre in Neubukow bei Wismar soll neu besetzt werden. Schliemanns Vater bewirbt sich und wird gewählt. In dem kleinen Ort im Großherzogtum Mecklenburg-Schwerin findet die Familie ein erstes eigenes Zuhause.

In der ehelichen Beziehung mit Ernst Schliemann ist Louise von Anfang an die Schwächere, die sich meist – um des lieben Friedens willen – ihrem Mann unterordnet, der im Streitfall den Apostel Paulus zum Zeugen anruft: „Ein Weib soll stille sein und es mag, da durch ein Weib die Sünde in die Welt gekommen, nur selig werden durch Kinderzeugen und wenn es bleibt in der Liebe und der Heilung samt der Zucht.“ –

Zwei Monate nach Heinrichs Geburt, am 17. März 1822, stirbt im Pfarrhaus in Ankershagen bei Waren der Prediger Heinrich von Rusdorf, nachdem er 22 Jahre mehr schlecht als recht seine seelsorgerischen Aufgaben in dem kleinen Dorf im Großherzogtum Mecklenburg-Schwerin versehen hatte. Dem Alkohol verfallen, hatte er seine Amtspflichten in den letzten Jahren vernachlässigt. Längst war das auch dem Landessuperintendenten Francke in Parchim bekanntgeworden.

Die Pfarre in Ankershagen bereitete ihm schon Sorgen, solange er im Amt ist. Obwohl als gute Pfründe im Großherzogtum geschätzt, hatte man mit der Auswahl der Pastoren in den letzten Jahrzehnten wenig Glück gehabt. Auch Rusdorfs Vorgänger machten da keine Ausnahme. Die seelsorgerliche Vernachlässigung einer Kirchgemeinde mit immerhin 1 000 Seelen, einschließlich der kleinen Nachbargemeinden, über mehrere Generationen mußte ihre Auswirkungen auf die Moral der meist ungebildeten Dorfbewohner und deren Verhalten gegenüber der Obrigkeit haben.

Mit dem Tod des Pfarrers Rusdorf hoffen der Superintendent Francke in Parchim, die Gutsbesitzer der Kirchgemeinde, aber auch die gottgläubigen Tagelöhner von Ankershagen auf eine Wende zum Guten. Als oberster Landesherr ist der regierende Großherzog Friedrich Franz I. auch Patron der Kirche zu Ankershagen. In dieser Eigenschaft muß er alle notwendigen Entscheidungen zur Wiederbesetzung der Pfarre veranlassen. Superintendent Francke bittet deshalb den Großherzog in einem Brief vom 3. April 1823 „submissest" (untertänigst) um die baldige Wiederbesetzung der vakanten Pfarrstelle. Als Schliemanns Vater davon erfährt, bewirbt er sich um das Ankershagener Pastorenamt.

Es verwundert etwas, daß der lebenslustige Mensch, der einst von der Weltstadtatmosphäre Hamburgs so angetan war, dem das kleinstädtische Milieu Sternbergs schon Probleme bereitet hatte, nun aus freiem Entschluß und großem persönlichem Interesse auch das freundliche Ackerbürgerstädtchen Neubukow aufgibt und sich in die Abgeschiedenheit eines mecklenburgischen Tagelöhnerdorfes zurückziehen will, das in einem der rückständigsten Gebiete Deutschlands – an der östlichen Grenze des Großherzogtums Mecklenburg-Schwerin – liegt.

Pastor Schliemann hat keine andere Wahl. Seine Familie ist groß, das sechste Kind schon unterwegs. Über seine Verhältnisse lebend, befindet er sich ständig in finanziellen Schwierigkeiten, muß Schulden machen. Eine städtische Pfarrstelle erbringt keine allzu großen Einkünfte.

Als Dreißigjähriger schildert Heinrich Schliemann später in einer ersten kurzgefaßten Lebensdarstellung in seinem Amerikatagebuch die ärmliche Atmosphäre in seinem Elternhaus ohne jede Ausschmückung mit den nüchternen Worten: *„Wie fast alle – oder fast alle – Pfarrer hatte mein Vater neun Kinder und kein Geld und da er sehr mit seinem Dienst be-*

schäftigt war, konnte er mir keinerlei Erziehung zuteil werden lassen.“

Hinzu kommen die familiären Probleme. Die Ehe ist längst nicht mehr in Ordnung, ist an den hemmungslosen Leidenschaften Ernst Schliemanns zerbrochen. Das hat sich in der kleinen Stadt schnell herumgesprochen, und sein Ruf hat darunter gelitten. Ein Ortswechsel scheint ihm geraten zu sein.

Die Pfarre von Ankershagen gilt als eine der reichsten im Lande. Aufgrund ritterlicher Stiftungen im Mittelalter beträgt der gesamte Grundbesitz der Kirche 48 000 Quadratruten, das entspricht 104 Hektar, einschließlich Acker, Wiesen und des fischreichen Priestersees. Der größte Teil der Pfarrländereien ist an die Güter von Ankershagen, Friedrichsfelde und Wendorf verpachtet und bringt der Pfarre jährlich Einkünfte von etwa 1 200 Reichstalern. Das ist eine beträchtliche Geldsumme.

Ernst Schliemann will die Ankershagener Pfarre unter allen Umständen an sich bringen. Er beschwört seine junge Frau, die unter den gegenwärtigen widrigen Verhältnissen am meisten leidet, die guten Beziehungen ihres Vaters in Sternberg zu nutzen, verspricht ihr eine Wende in einer schon ausweglosen Ehesituation. Die gutgläubige Luise Schliemann greift nach dem rettenden Strohhalm. Sie fleht ihren Vater – bis 1821 Bürgermeister von Sternberg – um Hilfe an. Der wendet sich an den befreundeten Superintendenten Kleiminger, den Taufpaten Heinrichs. Dieser vermittelt beim regierenden Großherzog Friedrich Franz I., der Ernst Schliemann gemeinsam mit dem Prediger Rönck aus Lübz und dem Prediger Wittebrand aus Parchim auf die Kandidatenliste setzt.

Am 11. Mai 1823 müssen sich die drei Kandidaten in der Kirche den versammelten Gemeindemitgliedern aus Ankershagen, Wendorf, Pieverstorf, Dambeck, Bocksee, Klockow, Möllenhagen und Rethwisch mit einer gehaltenen Predigt zur freien Wahl stellen. Der Superintendent Francke leitet und überwacht den Wahlvorgang persönlich.

Ernst Schliemann – jetzt 42 Jahre alt – wird einmütig zum neuen Pastor gewählt. Von 153 abgegebenen, im Wahlprotokoll namentlich aufgeführten Stimmen entscheiden sich 150 für den Vater Heinrich Schliemanns. Ein Wahlausgang, der mit dieser überwältigenden Mehrheit selten ist, den aber Francke zurückführt auf die rhetorisch und pädagogisch überaus überzeugend vorgetragene Predigt Schliemanns.

Superintendent Francke ist mit diesem Wahlausgang mehr als zufrieden, es scheinen sich seine Hoffnungen zu erfüllen. Er kann nicht wissen, daß Ernst Schliemann dem Revierjäger Müller 200 Reichstaler gegeben hatte, „dass er die Leute habe bereden und gut bewirthen müssen, um ihn zum Prediger zu wählen“.

Mit einem Leiter- und einem Planwagen zieht die Pastorenfamilie Schliemann zu Beginn des Sommers 1823 nach Ankershagen, im Süden Mecklenburgs nahe der Kleinstadt Penzlin gelegen, um. Heinrich ist knapp eineinhalb, seine

Schwestern sind sieben, fünf und vier Jahre alt. Louise ist wieder schwanger.

Am 2. Sonntag nach Trinitatis – am 8. Juni 1823 – hält Ernst Schliemann seine Antrittspredigt vor einer erwartungsvollen Gemeinde in der gefüllten doppelschiffigen Dorfkirche.

Blick auf das Pfarrgrundstück: Das Elternhaus Heinrich Schliemanns (rechts) mit dem ehemaligen Stallgebäude und der Dorfkirche. Vordergrund: Das legendäre „Silberschälchen“.

II.
ANKERSHAGEN (1823–1831)

„... Hacke und Schaufel für die Ausgrabung Trojas ... wurden schon in dem kleinen deutschen Dorfe geschmiedet und geschärft ...“

Der mecklenburgische Ort Ankershagen – Schliemann nennt ihn in seiner Selbstbiographie von 1881 liebevoll das „kleine deutsche Dorf“ – wird nun Schliemanns bewußt erlebte

Heimat. Die enge Bindung an den Ort geht so weit, daß Schliemann ihn später gelegentlich als seinen Geburtsort angibt.

Die Schliemanns bewohnen – am äußersten Ende des Dorfes, nach Friedrichsfelde zu – ein idyllisch gelegenes, ansehnliches Pfarrgrundstück. Auf einer Anhöhe liegt es gegenüber der Dorfkirche, die von einem Friedhof umgeben ist. Pfarrer Schliemann hat nur ein paar Schritte über die Straße, wenn er in die Kirche gelangen will.

Das Wohngebäude ist ein Fachwerkhaus aus der ersten Hälfte des 18. Jahrhunderts. Heinrich ist wie seine größeren Geschwister in einem Dachbodenzimmer untergebracht und kann aus dem Fenster direkt in den großen Pfarrgarten und auf den mit Trauerweiden umstandenen kleinen Teich, das „Silberschälchen", schauen, in dem sich in wolkenlosen Nächten der Mond auf der Wasseroberfläche spiegelt.

Zum Pfarrgrundstück gehören noch das Prediger-Witwenhaus, ein schilfgedeckter Stall und eine große Fachwerkscheune.

Als die Pastorenfamilie 1823 nach Ankershagen zieht, hat das Dorf eine beinahe 600jährige interessante Geschichte hinter sich. Die erste Erwähnung findet das Kirchenpatronat in einer Urkunde vom 24. April 1230. In ihr wird Ankershagen als dem Kloster Broda bei Neubrandenburg zugehörig genannt.

Die Dorfkirche, die Ernst Schliemann übernimmt – ein Feldsteinbau aus der romanisch-gotischen Übergangszeit –, ist nicht nur eine der ältesten Mecklenburgs, sie zählt auch zu den größeren Landeskirchen. Ihre Weihe durch den Bischof Heinrich von Havelberg am 1. Mai 1266 ist urkundlich belegt.

Die Auswirkungen der Leibeigenschaft, deren bedrückende Atmosphäre der Dichter und Homerübersetzer Johann Heinrich Voß während der Jahre 1769–1772 als junger Lehrer auf dem Gutsschloß in Ankershagen, der ehemaligen „Raubburg“ des Klosterhauptmanns von Oertzen, selbst erlebte und die er dann in seinen „Idyllen“ anprangerte, spürten die Bewohner von Ankershagen und der benachbarten Amtsdörfer noch deutlich. Es bestand eine fast vollständige Abhängigkeit vom „Hof“ (Rittergut), da weder freie Bauern noch Handwerker oder Kaufleute dort ansässig waren.

Seit Voß' Zeiten haben sich die gesellschaftlichen Verhältnisse in den beiden Teilen Mecklenburgs nicht sehr gewandelt. Die Lage der Gutstagelöhner bleibt auch nach der Aufhebung der Leibeigenschaft unerträglich. Zwar sind die Tagelöhner frei, dafür aber heimatlos geworden, da der Gutsherr sie nun nach Belieben kündigen kann. Davon macht er ausgiebig Gebrauch. Infolge gesunkener Korn- und Wollpreise ist die wirtschaftliche Lage der großen Güter so schlecht, daß Konkurse drohen.

Die Gutsbesitzer beschränken deshalb die Zahl der Tagelöhner und entledigen sich aller unliebsamen Personen. Laut Armenordnung von 1821 wird den Gekündigten zwar ein Obdach im Armenhaus gesichert, aber zur Heirat gehört eine

„Hüsung“ (Wohnung), ohne die es keinen Heiratskonsens (Einverständnis des Gutsherrn) gibt. Aus Furcht vor einer möglichen Belastung ihrer Armenkassen verweigert die Gutsobrigkeit ihre Zustimmung. So mehrt sich das ländliche Proletariat, es belagert die kleinen Städte, die unehelichen Geburten nehmen erschreckend zu. Das Bettlerunwesen greift um sich. Die Polizei steht dem machtlos gegenüber.

Fritz Reuter hat in seinem nachgelassenen Roman-Fragment „Herr von Hakensterz und seine Leibeigenen“ sein Vaterland Mecklenburg „in sozialer Beziehung das Land der Extreme“ genannt. Als den Hauptunterschied seiner Bewohner sieht er an, „daß die einen ungeteilt genießen, die anderen ohne Genuß dafür arbeiten“.

Auch in Ankershagen ist – wie in allen anderen mecklenburgischen Dörfern – erst 1820 offiziell die Leibeigenschaft aufgehoben worden. Durch die Macht der Gutsherren wird sie aber in den folgenden Jahren faktisch fortgesetzt.

Dies ist die Welt, in die der kleine Heinrich Schliemann hineingeboren wird und in der er aufwächst, die er sich Schritt für Schritt erobert, die sich ihm einprägt für alle Zeit. Gleich hinter dem Pfarrgrundstück beginnt eine vor vielen Millionen Jahren geprägte hügelige Landschaft mit Äckern, Seen, Wäldern, Hügelgräbern und Söllen. Nur wenig Kilometer entfernt liegen inmitten von Kiefernwäldern und Feldern die Havelquellseen, der Born- und der Mühlensee, in denen Heinrich als Junge so gerne badet.

Das Elternhaus Heinrich Schliemanns, ein Pfarrhaus aus der ersten Hälfte des 18. Jahrhunderts

Die Umgebung von Ankershagen und Penzlin gehört zu den sagenreichsten Gegenden Mecklenburgs. Eine dieser Sagen, sie hat Heinrich Schliemann zeitlebens besonders interessiert, rankt sich um „Henning Bradenkirl", einen Raubritter aus dem Geschlecht der Holsteins.

Im 15. Jahrhundert traten die Holsteins ihre Familienherrschaft in Ankershagen an. Sie behaupteten sich über 300 Jahre auf diesem Besitztum. Ein Sproß dieser Familie, Henning von Holstein, ist als berühmt-berüchtigte Gestalt in die mecklenburgische Geschichte eingegangen. Er vereinigte großen Grundbesitz in seiner Hand. Sein Beiname

„Bradenkirl" geht auf einen urkundlich bezeugten Anschlag auf den regierenden Herzog von Güstrow, Albrecht VII. – genannt der Schöne – und einen darauf folgenden Prozeß zurück, in dem er aber freigesprochen werden mußte. Der Volksmund hat diese Geschichte mit viel Phantasie ausgeschmückt und ergänzt, und als Sage ist sie vom Heimatforscher Richard Wossidlo in mehreren Versionen überliefert worden.

So wundert es nicht, daß das wüste Treiben des gefürchteten Raubritters auch die Phantasie des jungen Heinrich sehr beschäftigt und ihm der Totengräber Wöllert – genannt Peter Hüppert, weil er nur ein Bein hatte – sie ihm immer wieder erzählen muß. In seiner Autobiographie von 1881 hat Schliemann die Sage von „Henning Bradenkirl" in aller Ausführlichkeit wiedergegeben.

Schauplatz ist das alte, am Rande des Dorfes auf einem Hügel gelegene Schloß. Mit seinen sechs Fuß starken Mauern und einem unterirdischen Geheimgang hat es dem Raubritter Henning von Holstein sicheren Unterschlupf gegeben. Er galt als Schrecken aller Kaufleute und Reisenden, weil er sie unterwegs nach Herzenslust ausplünderte. Da nutzten auch die vom Herzog unterschriebenen Geleitbriefe wenig. Diese Mißachtung erboste den Herzog, und er beschloß, Henning Bradenkirl aufzusuchen. Er machte sich mit großem Gefolge auf den Weg.

Bradenkirl plante, dem Herzog eine Falle zu stellen und ihn zu töten. Doch ein Hirt warnte den Herzog rechtzeitig. Als

Henning erfuhr, daß seine Pläne durchkreuzt waren, ließ er den untreuen Hirten auf seinem Schloß bei lebendigem Leibe in einer großen eisernen Pfanne braten. Mit dem Fuß gab er dem Unglücklichen einen letzten Todesstoß.

Der Herzog belagerte daraufhin mit einem Regiment Soldaten das Schloß und stürmte es schließlich. Ritter Henning, der sein Ende kommen sah, vergrub seine Schätze im Garten und gab sich selbst den Tod. Er wurde auf dem Ankershagener Kirchhof begraben. Doch er fand keine Ruhe. Viele Jahrhunderte lang sah sein linkes, mit einem schwarzen Seidenstrumpf bekleidetes Bein immer wieder aus dem Grabe hervor.

Soweit die Sage. Heinrich Schliemann berichtet später in seiner Autobiographie weiter: „*Sowol der Küster Prange als auch der Todtengräber Wöllert beschworen hoch und theuer, dass sie als Knaben selbst das Bein abgeschnitten und mit dem Knochen Birnen von den Bäumen abgeschlagen hätten, dass aber im Anfange dieses Jahrhunderts das Bein plötzlich zu wachsen aufgehört habe. Natürlich glaubte ich auch all dies in kindlicher Einfalt, ja bat sogar oft genug meinen Vater, dass er das Grab selber öffnen oder auch mir nur erlauben möge, dies zu thun, um endlich sehen zu können, warum das Bein nicht mehr herauswachsen wolle.*“

Hennings Raubritterschloß auf dem Wickenwerder, das Anfang des 16. Jahrhunderts erbaut worden sein muß, präsentiert sich zu Heinrichs Kindheit als respektables Herrenhaus mit dicken Mauern und unterirdischen Gängen,

Bronzezeitliches Hügelgrab „Goldene Wiege“

allerdings ohne den Eckturm, der erst um 1900 errichtet worden ist.

Früh übt sich Heinrich Schliemann im Hören und im Weitererzählen von Sagenhaftem, Geheimnisvollem und Übersinnlichem. Es hat in den 1881 niedergeschriebenen Erinnerungen an die Kindheit seinen festen Platz: *„In unserm Gartenhause sollte der Geist von meines Vaters Vorgänger, dem Pastor von Russdorf, ‚umgehen‘; und dicht hinter unserm Garten befand sich ein kleiner Teich, das sogenannte ‚Silberschälchen‘, dem um Mitternacht eine gespenstische Jungfrau, die eine silberne Schale trug, entsteigen sollte. Ausserdem* *hatte das Dorf einen kleinen, von einem Graben umzogenen Hügel aufzuweisen, wahrscheinlich ein Grab aus heidnischer Vorzeit, ein sogenanntes Hünengrab, in dem der Sage nach ein alter Raubritter sein Lieblingskind in einer goldenen Wiege begraben hatte. Ungeheuere Schätze aber sollten neben den Ruinen eines alten runden Thurmes in dem Garten des Gutseigenthümers verborgen liegen; mein Glaube an das Vorhandensein aller dieser Schätze war so fest, dass ich jedesmal, wenn ich meinen Vater über seine Geldverlegenheiten klagen hörte, verwundert fragte, weshalb er denn nicht die silberne Schale oder die goldene Wiege ausgraben und sich dadurch reich machen wollte?"*

Und es klingt glaubhaft, weil es heute noch für einfühlsame Menschen nacherlebbar ist, wenn Heinrich Schliemann als reifer, gestandener und erfolgreicher Mann rückschauend urteilt: „*In diesem Dorf verbrachte ich die acht folgenden Jahre meines Lebens, und die in meiner Natur begründete Neigung für alles Geheimnissvolle und Wunderbare wurde durch die Wunder, welche jener Ort enthielt, zu einer wahren Leidenschaft entflammt.*"

Heinrich besucht die Einklassenschule im Ort. Das Schulgebäude liegt gleich neben der Kirche. Viel kann er hier nicht lernen. Die Schulverhältnisse sind katastrophal, vor allem in den ritterschaftlichen Gutsdörfern. Außer Lesen und ein wenig Rechnen werden Bibelsprüche, Gesangbuchverse und der Katechismus gepaukt. Alles spielt sich in einem Raum ab. Die älteren Schüler beaufsichtigen die jüngeren, wenn der Lehrer seinem dringenden Nebenerwerb nachgeht, der für seine Existenz oft notwendiger ist als seine Lehrpflichten.

Dennoch sind die Verhältnisse in Ankershagen immer noch besser als zum Beispiel im Nachbardorf Groß-Dratow, wo das Schulhaus eine verfallene Hütte ist. Die Schulstube ist durch eine schräglaufende Decke auf der einen Seite so niedrig, daß die größeren Schüler darin nicht aufrecht stehen können. Zur Züchtigung müssen sie zum Lehrer an das Pult vorkommen. Der Lehmfußboden ist uneben, unter die Schulbänke müssen Ziegel gelegt werden, damit diese fest stehen.

In Ankershagen können nur wenige Dorfbewohner lesen und schreiben, Zeitungen hält allein die Obrigkeit. Selten verirrt sich ein Fremder über die unbefestigte Landstraße ins Dorf. Lediglich fahrende Händler oder Handwerker sorgen hin und wieder für etwas Abwechslung. Sie erzählen von den Ereignissen in der Welt. Ansonsten ist man von der Außenwelt abgeschnitten.

Dieses Verharren in Unwissenheit hat durchaus Methode. Es ist Teil der Landespolitik der Herrschenden. So rät der Gutsbesitzer Lemcke dem Lehrer im nahegelegenen Kraase: „Makens blot die Göhren nich tau klauk, makens ehr vör Düwel und Höll ollich gruselig, dat ist dei Hauptsack." Damit die Tagelöhnerkinder auf der Gutswirtschaft tüchtig mitarbeiten können, wird im Sommerhalbjahr der Schulunterricht auf wöchentlich je zwei Stunden an zwei Tagen reduziert.

Mutter und Vater Schliemann müssen sich – soll aus den Kindern etwas werden – um deren Bildung selber kümmern, soweit es ihre Zeit erlaubt. Dies wird ihnen sehr schwer gefallen sein. Wenn Heinrich in seiner ersten autobiographischen Darstellung das Gegenteil behauptet, so ist das nicht ernst zu nehmen. Schliemann neigt zu solchen „Untertreibungen" in der Darstellung seines kindlichen Bildungsniveaus, um so seinen schnellen beruflichen Aufstieg als Kaufmann besonders eindrucksvoll erscheinen zu lassen. In späteren Lebensbeschreibungen hebt er dagegen immer den großen Einfluß hervor, den besonders sein Vater auf die Förderung seiner Bildung während seiner frühen Kindheit hatte.

Heinrichs Vater hat neben seinen seelsorgerischen auch bäuerliche Pflichten zu erfüllen, was ihm allerdings einige Probleme bereitet. Wenn auch das meiste Kirchland an die umliegenden Güter verpachtet ist, bleiben doch genügend Pfarrländereien, Äcker und Wiesen, die bestellt, abgeerntet und in Ordnung gehalten werden müssen. Pferde und Kutsche sind nötig, um die Nachbargemeinden betreuen und in Penzlin einkaufen zu können.

Hin und wieder darf Heinrich den Vater auf diesen Fahrten begleiten. Bei den Ausflügen kommen sich Vater und Sohn etwas näher. Schon früh werden die Interessen und Sehnsüchte des jungen Heinrich durch seinen Vater von den heimatlichen Gefilden in die Ferne gelenkt. Er liest ihm an den langen Winterabenden aus Homers „Ilias" und „Odyssee" in der deutschen Übersetzung von J. H. Voß vor. Eine Erstausgabe des Jahres 1793 besitzt die greise Tochter der Pfarrerswitwe Olgartha von Schröder, die ihren Lebensabend im Predigerwitwenhaus verbringt. Schliemanns Vater beginnt seine eigenen unbefriedigten Wünsche auf seinen Sohn – in dem er viel Wesensverwandtschaft entdeckt – zu übertragen, weckt in ihm eine bohrende Sehnsucht nach fremden Ländern und Kulturen.

Bei Heinrich Schliemann liest sich das später so: „*Obgleich mein Vater weder Philologe noch Archäologe war, hatte er ein leidenschaftliches Interesse für die Geschichte des Alterthums; oft erzählte er mir mit warmer Begeisterung von dem tragischen Untergange von Herculanum und Pompeji, und schien denjenigen für den glücklichsten Menschen zu halten, der Mittel und Zeit genug hätte, die Ausgrabungen, die dort vorgenommen wurden, zu besuchen. Oft auch erzählte er mir bewundernd die Thaten der Homerischen Helden und die Ereignisse des Trojanischen Krieges, und stets fand er dann in mir einen eifrigen Verfechter der Sache Trojas.*"

Ein Erlebnis besonderer Art in Schliemanns Kindheit ist jene Episode, die sich Weihnachten 1829 im Elternhaus abgespielt haben soll und über die Heinrich Schliemann in seiner Selbstbiographie von 1881 ausführlich berichtet: „*Mit Betrübniss vernahm ich von ihm* (dem Vater – W. B.), *dass Troja so gänzlich zerstört worden, dass es ohne eine Spur zu hinterlassen vom Erdboden verschwunden sei. Aber als er mir, dem damals beinahe achtjährigen Knaben, zum Weihachtsfeste*

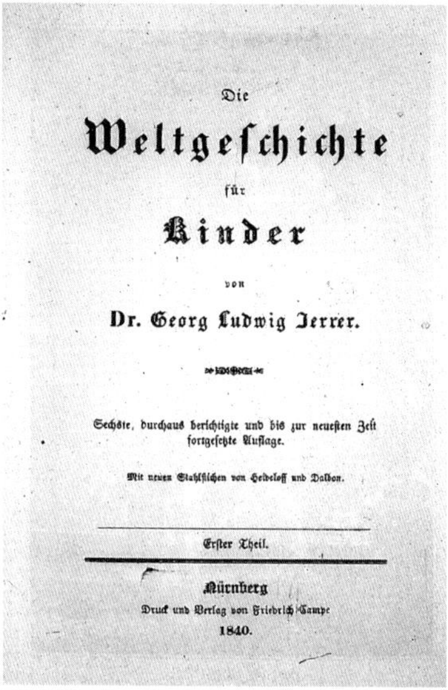

Die

Weltgeschichte

für

Kinder

von

Dr. Georg Ludwig Jerrer.

Sechste, durchaus berichtigte und bis zur neuesten Zeit fortgesetzte Auflage.

Mit neuen Stahlstichen von Heideloff und Dalbon.

Erster Theil.

Nürnberg

Druck und Verlag von Friedrich Campe

1840.

Jerrers „Die Weltgeschichte für Kinder" (Titelseite) mit dem Stich von Trojas Zerstörung

1829 Dr. Georg Ludwig Jerrer's ‚Weltgeschichte für Kinder' schenkte, und ich in dem Buche eine Abbildung des brennenden Troja fand, mit seinen ungeheuern Mauern und dem Skäischen Thore, dem fliehenden Aeneas, der den Vater Anchises auf dem Rücken trägt und den kleinen Askanios an der Hand führt, da rief ich voller Freude: ‚Vater, du hast dich geirrt! Jerrer muss Troja gesehen haben, er hätte es ja sonst hier nicht abbilden können.' ‚Mein Sohn', antwortete er, das ist nur ein erfundenes

Bild'. Aber auf meine Frage, ob denn das alte Troja einst wirklich so starke Mauern gehabt habe, wie sie auf jenem Bilde dargestellt waren, bejahte er dies. ‚Vater', sagte ich darauf, ‚wenn solche Mauern einmal dagewesen sind, so können sie nicht ganz vernichtet sein, sondern sind wol unter dem Staub und Schutt von Jahrhunderten verborgen.' Nun behauptete er wol das Gegentheil, aber ich blieb fest bei meiner Ansicht, und endlich kamen wir überein, dass ich dereinst Troja ausgraben sollte."

Diese Worte Heinrich Schliemanns zählen zu seinen meist zitierten Äußerungen und gelten bis zum heutigen Tage als Beweis für einen frühreifen, überaus zielstrebigen und ehrgeizigen Jungen, der – aus ärmlichen Verhältnissen stammend – in frühen Jahren einen schicksalhaften Entschluß faßt, ihn als reifer Mann in der Mitte seines Lebens in die Tat umsetzt und damit in die Geschichte eingeht.

Passend zu dieser Vorstellung resümiert Schliemann später: „*... Hacke und Schaufel für die Ausgrabung Trojas und der Königsgräber von Mykenae (wurden) schon in dem kleinen deutschen Dorfe geschmiedet und geschärft, in dem ich acht Jahre meiner ersten Jugend verbrachte.*"

Heinrich Schliemann hat seinen Kindheitstraum eng mit einer romantischen Liebesgeschichte verknüpft, bei der die aufkeimende Liebe zu einem Mädchen aus dem Nachbardorf Zahren die Hauptrolle spielt. Lassen wir Heinrich Schliemann in seiner Selbstbiographie darüber berichtet: „*Wess das Herz voll ist, sei es nun Freude oder Schmerz, des gehet der*

Mund über, und eines Kindes Mund vorzugsweise: so geschah es denn, dass ich meinen Spielkameraden bald von nichts anderem mehr erzählte, als von Troja und den geheimsvollen wunderbaren Dingen, deren es in unserm Dorfe eine solche Fülle gab. Sie verlachten mich alle miteinander, bis auf zwei junge Mädchen, Luise und Minna Meincke, die Töchter eines Gutspächters in Zahren, einem etwa eine Viertelmeile von Ankershagen entfernten Dorfe; die erstere war sechs Jahre älter, die zweite aber ebenso alt wie ich. Sie dachten nicht daran, mich zu verspotten: im Gegentheil! stets lauschten sie mit gespannter Aufmerksamkeit meinen wunderbaren Erzählungen. Minna war es vorzugsweise, die das grösste Verständniss für mich zeigte, und die bereitwillig und eifrig auf alle meine gewaltigen Zukunftspläne einging. So wuchs eine warme Zuneigung zwischen uns auf, und in kindlicher Einfalt gelobten wir uns bald ewige Liebe und Treue …

Es stand zwischen uns schon fest, dass wir, sobald wir erwachsen wären, uns heirathen würden, und dass wir dann unverzüglich alle Geheimnisse von Ankershagen erforschen, die goldene Wiege, die silberne Schale, Henning's ungeheure Schätze und sein Grab, zuletzt aber die Stadt Troja ausgraben wollten; nichts Schöneres konnten wir uns vorstellen, als so unser ganzes Leben mit dem Suchen nach den Resten der Vergangenheit zuzubringen."

Mit dieser Darstellung seiner Kindheitseindrücke legt Schliemann selbst den Grundstein für eine Legende um seine

Person, die Biographen und Historiker als Leitmotiv für seine späteren erfolgreichen Ausgrabungen anerkannt haben. Es besteht aber heute kein Zweifel, daß bei Schliemann erst in späteren Jahren – insbesondere nach der Ausgrabung in Troja und den sensationellen Funden – Ankershagen und die Eindrücke seiner Kindheit immer mehr in den Vordergrund seines Bewußtseins gerückt sind.

Die von Heinrich Schliemann in überschwenglichen Worten und in romantischer Weise beschriebenen Kindheitserinnerungen hinterlassen beim Leser den Eindruck einer geborgenen und glücklich verlebten Kindheit im Elternhaus in Ankershagen. Doch die Idylle trügt.

Louise Schliemann erwartet Anfang 1831 ihr neuntes Kind. Noch im Jahr der Übersiedlung war Ludwig, zwei Jahre danach Franz und abermals zwei Jahre später die Schwester Luise geboren worden. Nach Heinrichs Geburt noch vier weitere Geburten in acht Jahren – das ist zuviel für die zarte Frau. Sie hat sich kein weiteres Kind mehr gewünscht. Im Hause herrscht wegen des unausgeglichenen, launischen Charakters ihres Mannes eine bedrückende Atmosphäre.

Ernst Schliemann hat unter dem Vorwand, seiner Frau eine tüchtige Hilfe an die Seite zu geben, eine junge Magd ins Haus genommen. Sie heißt Sophie Schwarz und ist die minderjährige Tochter eines Maurergesellen aus dem Ort. Sie besitzt in dieser Gegend einen schlechten Ruf, weil sie ein uneheliches Kind von einem Bediensteten des herrschaftlichen Gutes hat.

Louise Schliemann wehrt sich nicht nur wegen des schlechten Leumundes gegen das Mädchen, sondern vor allem wegen deren auffällig zur Schau getragenen äußeren Reize und wegen der bekannten Neigungen ihres Ehemannes.

Bald muß Louise Schliemann erkennen, daß ihre Befürchtungen begründet sind: Der Mann unterhält ein Verhältnis mit Sophie Schwarz. Die übrigen Dienstmägde und Knechte tuscheln darüber. Sie wissen nun, weshalb der Pfarrer Sophie Schwarz sichtlich bevorzugt, ihre Tüchtigkeit und Unentbehrlichkeit überall hervorhebt, ihr sogar Geschenke macht. Das ganze Dorf weiß es, Luise kann die mitleidenden Blicke der Dorfbewohner nicht mehr ertragen. Sie macht verzweifelte Anstrengungen, das Mädchen aus dem Haus zu entfernen. Wütend und unbeherrscht – besonders wenn er, wie es oft vorkommt, zuviel Alkohol zu sich genommen hat – rechtfertigt sich der Mann dann und streitet alle Vorwürfe ab.

Bei solchen Auseinandersetzungen ist Louise Schliemann ihm nicht gewachsen. Es spielen sich laute und unwürdige Szenen zwischen den Eheleuten im Pfarrhaus ab. Heinrich und seine älteren Geschwister sind unfreiwillige Zeugen solcher Ehestreitigkeiten. Ihre Sympathien gehören der Mutter.

Als das Gerede der Hausangestellten und Dorfbewohner immer deutlicher wird, entläßt Louise Schliemann Pfingsten

1830 mit einem letzten Kraftaufwand die im Herbst in Dienst genommene Sophie Schwarz gegen den Willen ihres Mannes. Jetzt beginnt für die Ehefrau ein Martyrium. Ernst Schliemann straft sie mit Verachtung und fügt ihr alle möglichen Kränkungen zu. Die Hausangestellten erzählen im Dorf, er schlüge sie sogar.

Louise Schliemann besitzt die allgemeine Achtung und Liebe der Gemeinde. Pastor Schliemann, der in seinen Predigten viel von Moral und Sittlichkeit spricht, hat schon längst das Vertrauen seiner Gemeindemitglieder verloren. Er vernachlässigt jetzt sogar seine seelsorgerischen Aufgaben. Allzuoft fallen die sonntäglichen Predigten aus.

Die leidende und gequälte Louise sieht ihr nahes Ende voraus. Kurz vor der Geburt ihres neunten Kindes schreibt sie an ihre 15jährige Tochter Elise, die sie zu Verwandten gegeben hat, in einem Brief: „Die Tage, die dann kommen, kannst Du jeden Augenblick denken, dass ich im Kampf zwischen Leben oder Tode bin. Solltest Du von letzterem benachrichtigt werden, so gräme Dich nicht viel, sondern freue Dich vielmehr, dass ich ausgelitten habe auf dieser für mich so undankbaren Welt, wo alles Dulden, Bitten und Beten zu Gott im Stillen um Änderung meines harten Schicksals doch nicht hilft ... Ich muss schließen, weil ich beim Schlachten der Schweine bin und es mir so, so sauer wird."

Am 13. Januar bringt Louise unter großen Schmerzen ihr neuntes Kind zur Welt, es wird auf den Namen Paul getauft. Zwei Monate später, am 22. März 1831, stirbt Louise

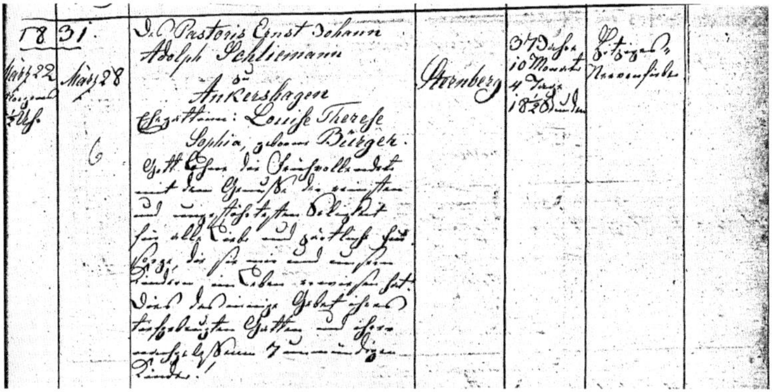

Eintragung des Todes der Mutter
im Begräbnisregister, 1831

Schliemann. In den „Mecklenburg-Schwerinschen Anzeigen“ läßt der Ehemann folgenden Nachruf veröffentlichen:

„Ankershagen, den 23sten März 1831

Gestern war für mich der unglücklichste Tag meines bisherigen Lebens, indem der unerbittliche Tod mir meine treue, seit beinahe siebenzehn Jahren mit mir ehelich verbunden gewesene, Lebensgefährtin und meinen sieben unmündigen Kindern die zärtlichste Mutter, Louise Therese Sophia, geborene Bürger, entriss. Sie, die gute, uns ewig unvergessliche Gattin und Mutter, starb an den Folgen eines hitzigen Nervenfiebers an dem genannten Tag, morgens 5½ Uhr, in einem Alter von noch nicht völlig vollendeten 37 Jahren, nachdem sie am 13ten Januar d. J. von einem gesunden Knaben, unserm neunten Kinde, glücklich entbunden worden. Vom tiefsten Schmerze durchdrungen stehe ich, umringt von meinen jetzt mutterlosen Waisen, die zum Theil die Größe ihres Verlustes noch nicht zu fühlen im Stande sind und bete: Gott lohne die nun Vollendete für alle mir und meinen Kindern erwiesene Liebe und zärtliche Fürsorge mit dem Genusse der reinsten und ungestöhrtesten Seligkeit, verlass mich und meine Kinder nicht und gieße lindernden Balsam in unsre tief verwundeten Herzen! Diese Worte widme ich allen meinen und meiner verewigten Gattin Verwandten und Freunden, so wie allen denen, deren Herz Gefühl für fremde Leiden hat, und halte mich überzeugt, dass sie mir und meinen Kindern eine stille Thräne des Mitleids nicht versagen werden.

Schliemann
Pastor zu Ankershagen."

Heinrich Schliemann schreibt über dieses tragische Ereignis, den so frühen Tod seiner geliebten Mutter, *„es war dies ein unersetzlicher Verlust und wol das grösste Unglück, das mich und meine sechs Geschwister treffen konnte“*.

Die Mutter wird auf dem Friedhof in Ankershagen unter großer Anteilnahme der Dorfbevölkerung beigesetzt. Ernst Schliemann selbst hält die Trauerrede in der Kirche, spricht herzzerreißende Worte am offenen Grabe seiner Frau. Die ganze Gemeinde verachtet den Pharisäer.

Grabkreuz der Mutter auf dem Friedhof in Ankershagen

Der Vater läßt „eine prächtige Grabstätte aus Stein errichten ... von einem Gitter umgeben und mit folgender Inschrift versehen: Ruhe in Frieden, süße Frau! Mutter!“

Heute kann man auf dem Friedhof an derselben Stelle ein eher bescheiden wirkendes Grab der Mutter besichtigen. Vor einem mit Efeu umrankten Grabhügel steht ein gußeisernes Kreuz, das mit vergoldeten Buchstaben die Aufschrift trägt:

> „Henry Schliemann,
> in St. Petersburg, seiner geliebten Mutter
> Louise Therese Sophia Schliemann, geb. Bürger,
> geb. d. 19. Mai 1793, gest. d. 22. Maerz 1831"

Heinrich Schliemann hat als junger Kaufmann für seine Mutter dieses Grabkreuz in Berlin bestellt und auf dem Friedhof in Ankershagen aufstellen lassen.

Um Michaelis 1831, nach dem Ableben seiner Frau, holt Pastor Schliemann Sophie Schwarz in sein Haus zurück. Er setzt sie als Wirtschafterin ein. Der Skandal ist vollkommen.

Am folgenden Sonntag ziehen mehr als 200 Einwohner von Ankershagen und einigen benachbarten Dörfern vor das Pfarrhaus und veranstalten eine Kesselmusik: Sie schlagen mit Gegenständen auf Töpfe und andere mitgebrachte Gefäße, dazu rufen sie Spottgedichte und Schimpfworte, die gegen die Anwesenheit der Schwarz gerichtet sind. Sie werfen Scheiben des Pfarrhauses ein und fordern die Entfernung der Frau.

An den nächsten drei Sonntagen wiederholen sich die tumultartigen Auftritte der Dorfbevölkerung vor dem Pfarrhaus. Der Frieden in der Gemeinde ist empfindlich gestört. Pastor Schliemanns Gottesdienste werden demonstrativ gemieden. Die meisten Familien im Dorf, die bisher Umgang mit den Schliemanns pflegten, brechen den Kontakt ab. Mit Schliemanns Kindern darf keiner mehr spielen. Auch Minna kann nicht mehr kommen. Den sensiblen Heinrich muß gerade die Trennung von Minna seelisch sehr treffen. Erst fünf Jahre später sehen sie sich als Vierzehnjährige für wenige Augenblicke wieder.

Schliemann umschreibt diese für ein Kind seines Alters –

er ist jetzt neun Jahre alt – traumatischen Erlebnisse später mit folgenden Sätzen: *„Meiner Mutter Tod fiel noch mit einem andern schweren Misgeschick zusammen, infolgedessen alle unsere Bekannten uns plötzlich den Rücken wandten und den Verkehr mit uns aufgaben. Ich grämte mich nicht sehr um die übrigen: aber, dass ich die Familie Meincke nicht mehr sehen, dass ich mich ganz von Minna trennen, sie nie wiedersehen sollte – das war mir tausendmal schmerzlicher als meiner Mutter Tod, den ich dann auch bald in dem überwältigenden Kummer um Minna's Verlust vergass ... Die ganze Zukunft erschien mir finster und trübe, alle geheimnissvollen Wunder von Ankershagen, ja Troja selbst hatte eine Zeit lang keinen Reiz mehr für mich."*

Die einfachen Leute, die Tagelöhner, wissen nicht, was sie von der „gottgewollten Weltordnung" zu halten haben. Selbst mit ihren Demonstrationen vor dem Pfarrhaus haben sie nichts erreicht. Nur den Unwillen ihrer Herrschaften hervorgerufen, die jedes Erwachen von Selbstbewußtsein beim Dorfvolk mit Mißtrauen beobachten.

Eines Abends versammeln sich die Gemeindemitglieder in der Dorfgaststätte und beraten. Sie sind sich einig: Einen anderen Pastor wollen sie haben. Dazu müssen sie gegen Schliemann Klage führen. Eine schriftliche Beschwerde im richtigen Amtsdeutsch – allein schon die Anrede! – und ohne Fehler aufsetzen und schreiben können sie nicht. Einen Schreibkundigen oder Studierten einweihen wollen sie nicht. So entschließen sie sich schweren Herzens, eine kleine

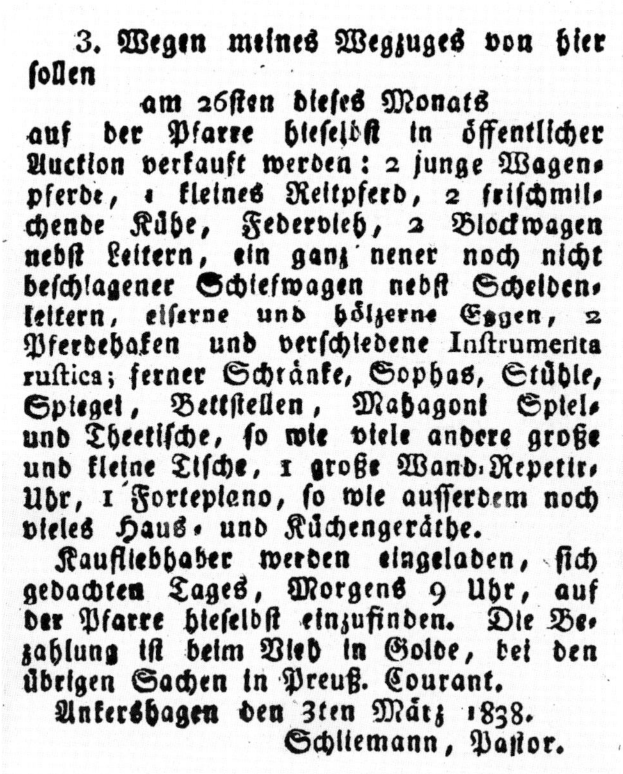
3. Wegen meines Wegzuges von hier sollen
am 26sten dieses Monats
auf der Pfarre hieselbst in öffentlicher Auction verkauft werden: 2 junge Wagenpferde, 1 kleines Reitpferd, 2 frischmilchende Kühe, Federvieh, 2 Blockwagen nebst Leitern, ein ganz nener noch nicht beschlagener Schiefwagen nebst Scheldenleitern, eiserne und hölzerne Eggen, 2 Pferdehaken und verschiedene Instrumenta rustica; ferner Schränke, Sophas, Stühle, Spiegel, Bettstellen, Mahagoni Spiel- und Theetische, so wie viele andere große und kleine Tische, 1 große Wand-Repetir-Uhr, 1 Forteplano, so wie ausserdem noch vieles Haus- und Küchengeräthe.

Kaufliebhaber werden eingeladen, sich gedachten Tages, Morgens 9 Uhr, auf der Pfarre hieselbst einzufinden. Die Bezahlung ist beim Vieh in Golde, bei den übrigen Sachen in Preuß. Courant.

Ankershagen den 3ten März 1838.

Schliemann, Pastor.

Annonce des Vaters in den „Meckl.- Strelitzischen Anzeigen“ vom 14. März 1838

Abordnung zum Präpositus Conradi nach Waren zu schikken. Tagelöhner Dräger (51 Jahre) und Friedrich Suhrweier (28 Jahre), beide Kutscher beim Pfarrer, werden auserwählt, dem Präpositus (Amtsvorsteher) die Beschwerde im Auftrage der ganzen Gemeinde gegen den Pastor Schliemann vorzutragen.

Präpositus Conradi aus Waren und Superintendent Floerke aus Parchim sehen sich aufgrund der bei ihnen eingehenden schwerwiegenden Beschwerden der Einwohner von Ankershagen und derer von Klitzing auf Dambeck genötigt, dem Großherzog Friedrich Franz I. Anfang Dezember 1831 „über das unmoralische Verhalten und die Verfehlungen des Pastors Schliemann“ zu berichten.

Der Großherzog beauftragt darauf den Drosten von Prollius in Stavenhagen, gegen Schliemann an Ort und Stelle zu ermitteln. Der Vater hält es für ratsam, den 10jährigen Heinrich, ebenso die älteren Geschwister, aus Ankershagen zu entfernen und bei Verwandten unterzubringen.

Die Kinder haben nach dem frühen Tod der Mutter unter den Auswirkungen des hemmungslosen Lebens des Vaters am meisten zu leiden. Heinrich wie auch seine älteren Geschwister sind Augen- und Ohrenzeugen der unwürdigen Szenen des Vaters im Pfarrhaus und der tumultartigen Auftritte der Einwohner vor dem Elternhaus gewesen. Die seelischen Wunden werden nie ganz verheilen.

Spätere Aufzeichnungen Schliemanns, die in seinem Nachlaß gefunden wurden, machen deutlich, wie sehr er noch als

Erwachsener unter den Geschehnissen, die den frühen Tod seiner geliebten Mutter und das Ende seiner unbeschwerten Kindheit zur Folge hatten, gelitten hat. Heinrich wird sie seinem Vater nie verzeihen können. Er muß Ankershagen und damit eine ihm vertraute und liebgewordene Umgebung, sein Elternhaus und seine Jugendgefährtin Minna Meincke verlassen.

Der Vater schickt den Jungen im Januar 1832 zu seinem Bruder, dem Pastor Christian Ludwig *Friedrich* Schliemann, nach Kalkhorst in der Nähe von Grevesmühlen, wo sich Heinrich auf den Besuch des Gymnasiums in Neustrelitz vorbereiten soll.

III.

KALKHORST (1832–1833)

„... ohne die schönen homerischen Hexameter ...
wäre ich wohl nie auf den Gedanken gekommen,
Griechisch zu lernen ...“

Die wahren Hintergründe für seine Umsiedelung nach Kalkhorst verschweigend, resümiert Heinrich Schliemann im Jahre 1880:

„Mein Vater, dem meine tiefe Niedergeschlagenheit nicht entging, schickte mich nun auf zwei Jahre zu seinem Bruder, dem Prediger Friedrich Schliemann, der die Pfarre des Dorfes Kalkhorst in Mecklenburg innehatte. Hier wurde mir ein Jahr lang das Glück zutheil, den Candidaten Carl Andres aus Neu-Strelitz zum Lehrer zu haben; unter der Leitung dieses vortrefflichen Philologen machte ich so bedeutende Fortschritte, dass ich schon zu Weihnachten 1832 meinem Vater einen, wenn auch nicht correcten, lateinischen Aufsatz über die Hauptereignisse des Trojanischen Krieges und die Abenteuer des Odysseus und Agamemnon als Geschenk überreichen konnte.“

Heinrich Schliemann wird wie ein eigener Sohn in der kinderreichen Familie seines Onkels Friedrich aufgenommen und erlebt bis zum Herbst 1833 die wohltuende Nestwärme einer intakten Großfamilie. In seinem um fünf Jahre älteren Vetter Adolph, der das Gymnasium in Wismar besucht, findet

Kirche von Kalkhorst

Pfarrhaus in Kalkhorst (Nachfolgebau)

er einen ehrgeizigen und ebenbürtigen Freund. Er weckt in Heinrich durch das Aufsagen von Homerversen, die dieser für die Schule auswendig zu lernen hat, die Freude am Klang und Rhythmus der altgriechischen Sprache. Schliemann nimmt später in einem Brief an den Vetter darauf Bezug: „*... ohne die schönen homerischen Hexameter in 1832 von Dir gehört zu haben, die mir noch in den Ohren klingen, wäre ich wohl nie auf den Gedanken gekommen, Griechisch zu lernen, denn ich hätte nie gewusst, was es ist.*“

Pfarrgarten mit Gartenpavillon (hier lernte Heinrich seine Lateinvokabeln)

Die gleichaltrige Cousine Sophie, zu der sich Heinrich sehr hingezogen fühlt, hilft ihm über die Trennung von Minna hinweg.

Heinrichs Hauslehrer Carl Andreß ist der Sohn des Großherzoglichen Mundkochs. Er hat mit Unterstützung des Großherzogs alte und neue Sprachen studiert und wirkt ab 1830 als Haus- und Privatlehrer. Bereits Heinrichs Vetter Adolf war von ihm in Latein unterrichtet worden.

Onkel Friedrich ist ein vielseitig interessierter Mensch und ein guter Kenner der heimatlichen Landschaft und Geschichte.

Der Klützer Winkel – besonders die Gegend um Kalkhorst – ist eine archäologisch interessante Landschaft mit einer großen Anzahl von Großsteingräbern und frühgeschichtlichen Urnenbestattungsplätzen. In der näheren Umgebung gibt es mehrere Raubritterburgen mit einer entsprechend reichen Sagenwelt. Es ist sehr wahrscheinlich, daß in Kalkhorst durch den Onkel und den Philologen Andreß Heinrichs in Ankershagen gewecktes Interesse an der Geschichte und das Streben nach größerer Kenntnis wachgehalten und weiter gefördert worden sind.

Heinrich ist in eine humanistisch aufgeschlossene und gebildete Familie gekommen, die über eine freundschaftliche Beziehung zur Familie des Pastors Wilhelm Kuntze in Roggenstorf bei Grevesmühlen auch mit Fritz Reuter bekannt ist: Präpositus Friedrich Schliemann traut am 16. Juni 1851 Fritz Reuter und Luise Kuntze in der Roggenstorfer Kirche. Eine Schwester von Luise heiratet den Sohn Ferdinand Schliemann.

Vier Söhne der Schliemanns aus Kalkhorst wandern zwischen 1851 und 1867 nach Amerika aus. Ferdinand bringt es dabei von allen am weitesten. Nachdem er anfangs in den Goldminen arbeitet, kann er später eine kleine Farm erwerben. Nur einem der anderen drei Brüder gelingt es aber, als Buchdrucker für sich und seine kinderreiche Familie eine gesicherte Existenz aufzubauen.

Währenddessen laufen in Ankershagen die Ermittlungen gegen den Vater. Der Propst findet bei seinen Untersuchungen und Vernehmungen am Ort alle Anschuldigungen bestätigt. In seinem Bericht an den Großherzog kommt er Anfang Februar 1832 zu der Schlußfolgerung: „Alle diese in der Gemeinde viel besprochenen Punkte hatten bei derselben die Überzeugung von der großen Unmoralität und von dem genüsslichen Charakter des Pastors erregt, und es entwickelte sich bald eine Unzufriedenheit und Verachtung gegen den Pastor, in dem Grade, dass nunmehr bereits seit 19 Wochen niemand mehr die Kirche besucht. Diese Stimmung gegen den Pastor ist … begründet, dass der Entschluß der Gemeinde sich deutlich dahin ausspricht, diesen Mann, der in Wandel und Gesinnung ein so schlechtes Beispiel gebe, fernerhin als Prediger nicht behalten zu wollen … In dieser beklagenswerten Lage der Ankershagener Gemeinde scheint nun … die sofortige Suspension des Predigers Schliemann unerlässlich.“

Der Großherzog ist außer sich. Er läßt noch im Februar vor dem Konsistorium in Rostock ein Ermittlungsverfahren gegen Schliemann „wegen leichtfertigen Lebenswandels“ einleiten und verfügt dessen Amtsenthebung. Ernst Schliemann beteuert seine Unschuld in beschwörenden Briefen an den Großherzog und fordert die Aufhebung der Suspendierung.

Die Untersuchungen des Großherzoglichen Konsistoriums schleppen sich über mehr als zwei Jahre hin. Ernst Schliemann bestreitet immer wieder die meisten der ihn belastenden Tatsachen, bezeichnet die Aussagen als „Weibergeklatsch“ und „hinterrücks unternommene Proceduren“ ihm nicht wohlwollender Menschen. Seine Vorgesetzten, die mit der Untersuchung des Falles betraut sind, nennt er „getäuscht und irregeleitet“.

Die Hauptzeugin, Sophie Schwarz, bleibt unauffindbar, nachdem Schliemann sie Ostern 1832 aus dem Dienst entlassen mußte. Der Hilfsprediger Conradi, ein Sohn des Präpositus in Waren, nimmt nun die Amtsgeschäfte in Ankershagen wahr.

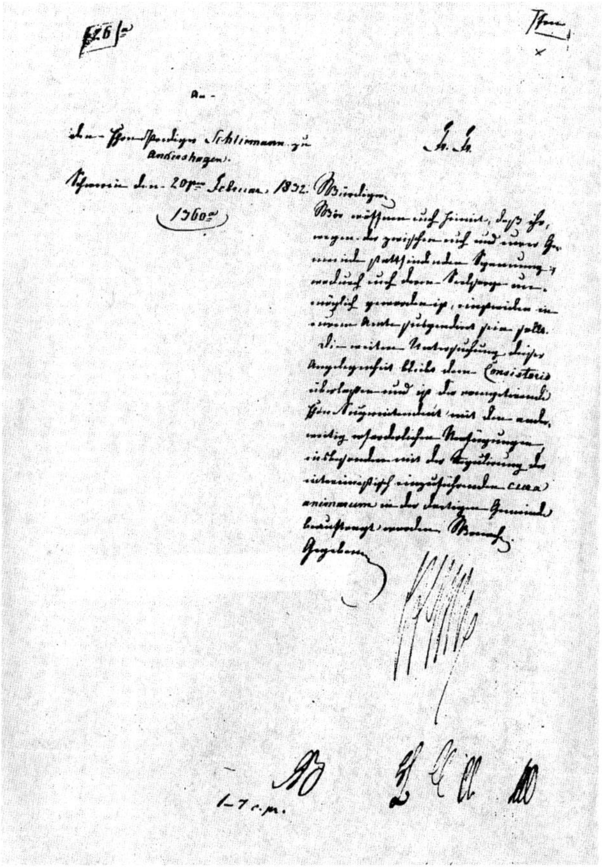

Suspendierung des Vaters vom Dienst
durch Friedrich Franz I., 1832

Neustrelitz, zeitgen. Ansicht

IV.
NEUSTRELITZ (1833–1836)
„Aber gerade zu jener Zeit traf unsere Familie ein sehr schweres Unglück …“

Ostern 1833 kommt Heinrich Schliemann in die Großherzogliche Residenzstadt Neustrelitz – eine Neugründung als Ergänzung zu dem am Zierker See erbauten spätbarocken Schloß. Die alte Residenz in Alt-Strelitz war 1712 vollständig abgebrannt.

Die Stadt hat weniger als 6 000 Einwohner und nimmt sich mit den überwiegend ein- oder zweigeschossigen Fachwerkhäusern sehr bescheiden aus. Die Mehrzahl der Einwohner ernährt sich von kleinen Landwirtschaften. Handwerker und Gewerbetreibende leben vom großherzoglichen Hof, arbeiten für die Verwaltung, die Gerichte, Schulen oder das Theater.

Schloß und Gartenanlage sollen den Eindruck eines Klein-Versailles vermitteln. Schliemann besteigt das höchste Bauwerk der Stadt, den zwei Jahre zuvor fertiggestellten Turm der im Schinkel-Stil errichteten Stadtkirche, und genießt die schöne Weitsicht über das seenreiche Land. Im Zierker See kann man baden oder im Winter auf ihm Schlittschuhlaufen – ideale Möglichkeiten zum Ausgleich und zur körperlichen Ertüchtigung. Schliemann reitet und schwimmt noch im hohen Alter und empfiehlt seinen Freunden dies zur Nachahmung.

Heinrich Schliemann bewohnt in Neustrelitz in der Pension des Hofmusikers Karl Ernst Laue (1790–1860) und seiner Frau Margarethe, geb, Schröder ein Zimmer gemeinsam mit dem Bruder Minnas, Ernst Meincke aus Zahren. Schliemann lebt hier spartanisch mit einer an Geiz grenzenden Sparsamkeit.

Einer seiner Schulkameraden ist Wilhelm Rust (1820–1910), Sohn des Großherzoglichen Kammerlakais in Neustrelitz, mit dem ihn zeitlebens eine enge Freundschaft verbinden wird. Über ihn hält Schliemann von 1868 an Kontakt zu seiner mecklenburgischen Heimat.

In seinem Pensionsvater Laue findet Heinrich Schliemann wiederum einen Mann, der fortschrittlich denkt und handelt und der den jungen lerneifrigen Gymnasiasten positiv beeinflußt. Im Jahre 1857 schreibt Heinrich Schliemann an Vater Laue: „*Der Aufenthalt in Ihrem Hause hatte grossen Einfluß auf mein späteres Leben, denn Ihre fortwährenden lehrreichen Erzählungen über Geographie und Astronomie erzeugten und entwickelten in mir die Begierde zum Reisen und zu den Wissenschaften ... Ich bin gewiss überzeugt, ich wäre nie dahin gekommen, wo ich jetzt bin, hätte mich nicht mein Glücksstern in Ihr Haus gebracht.*"

Bei den Laues erfährt Heinrich Schliemann erstmals von der Auswandererbewegung nach Rußland. Seit 1800 sind zahlreiche Bauern, vor allem aber Handwerker und Künstler nach Rußland gegangen und haben besonders in Petersburg und seiner Umgebung eine auskömmliche Existenz gefunden. So war auch ein Sohn Laues schon früh als Orchestermusiker nach Petersburg übergesiedelt, ein anderer stand als Staatsrat in zaristischen Diensten.

In Schliemanns summierender Altersdarstellung erscheint die Zeit am Neustrelitzer Gymnasium als eine überwiegend harmonische, die nur durch den Mangel an Schulgeld gestört wird: „*Im Alter von elf Jahren kam ich* (ab Ostern 1833 – W. B.) *auf das Gymnasium von Neu-Strelitz, wo ich nach Tertia gesetzt wurde. Aber gerade zu jener Zeit traf unsere Familie ein sehr schweres Unglück, und da ich fürchtete, dass meines Vaters Mittel nicht ausreichen würden, um mich noch*

Gymnasium „Altes Carolinum" in Neustrelitz
(Stich von Riefstahl 1841)

eine Reihe von Jahren auf dem Gymnasium und dann auf der Universität zu unterhalten, verliess ich ersteres nach drei Monaten schon wieder, um in die Realschule der Stadt überzugehen, wo ich sogleich in die zweite Klasse aufgenommen wurde", schreibt Heinrich Schliemann in seiner Autobiographie.

Der Vater kann den höheren Schulbesuch wegen der fehlenden Pfarreinnahmen nach seiner Entlassung aus dem Dienst nicht weiter finanzieren. Er muß den Sohn vom

Gymnasium „Carolinum" nehmen und ihn in die billigere Realschule schicken, die damals gemeinsam in einem Gebäude klassischen Stils in der Nähe des Marktes untergebracht sind. Inwieweit auch die angeschlagene Moral des Vaters die Schulleitung des renommierten Gymnasiums veranlaßt hat, einen Wechsel zu empfehlen, läßt sich aus den Dokumenten nicht ablesen, doch wäre ein solcher Druck auf die Entscheidung im Interesse des guten Rufes des „Carolinums" durchaus denkbar.

Der Übergang zur anspruchsloseren Realschule muß dem sensiblen Jungen als Rückschlag in seiner Entwicklung erschienen sein. Seinem Pensionsgefährten Ernst Meincke wird Heinrich ein Leben lang nicht verzeihen können, daß dieser als Dreizehnjähriger Spottverse auf ihn und den tiefen Fall seines Vaters gemacht hatte. Und trotzdem unterstützt er ihn später finanziell, als dieser in Not gerät und sich wiederholt hilfesuchend an Schliemann wendet.

In der Realschule werden die Schüler in drei Klassen bis zum vollendeten 14. Lebensjahr geführt. Sie strebt eine gehobene Vorbildung mit drei Fremdsprachen für einen praktischen Beruf an. Der höhere Bildungsweg ist Heinrich aber nun verschlossen.

Auf dieser Schule bleibt Schliemann drei Jahre bis zum Beginn seiner Lehrzeit.

Im Frühjahr 1836 verläßt Heinrich Schliemann im Alter von 14 Jahren die Realschule in Neustrelitz. Auf seinem Abgangszeugnis bescheinigen ihm seine Lehrer, daß „er in

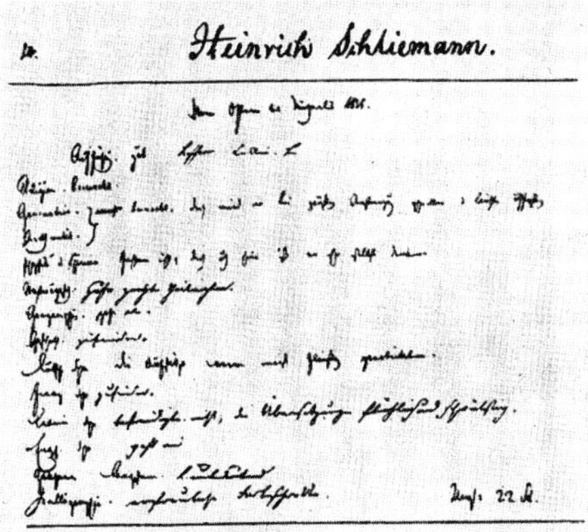

Text des vorstehenden Schulzeugnisses

Von Ostern bis Michaelis 1835.

(Namen von Lehrern.)

Aufführung: gut.
Religion: bemerkt.
Geometrie | bemerkt, doch wird er bei größerer Anstrengung schneller und leichter
Arithmetik: | auffassen.
Physik u. Chemie: fehlen meist, doch auch hier muß er selbst denken.
Naturgeschichte: zufrieden, zeigt Theilnahme.
Geographie: geht an.
Geschichte: zufrieden.
Deutsche Sprache: Die Aufsätze waren meist fleißig gearbeitet.
Französische Sprache: zufrieden.
Lateinische Sprache: befriedigte nicht; die Übersetzung flüchtig und schwülstig.
Englische Sprache: geht an.
Zeichnen: langsam. Lesen: unbedeutend.
Kalligraphie: erfreuliche Fortschritte. Versäumt: 22 Stunden.

Im Zeugnis zu Ostern 1836 stehen die treffenden Bemerkungen:
Geschichte: zufrieden, doch meist etwas verwirrt, was sich besonders im Repetieren zeigt.
Deutsche Sprache: die Aufsätze fleißig gearbeitet; aber Klarheit in den Gedanken fehlt oft.

Zeugnis der Realschule für Heinrich Schliemann von 1835

den meisten Unterrichtsgegenständen genügend Kenntnisse erworben, wobei ihm freilich noch immer die rechte Umsicht und Klarheit abgeht", was übrigens besonders für seine fleißig gearbeiteten, aber „Klarheit in den Gedanken" noch mangelnden Aufsätze betont wird. Bemerkenswert ist auch, daß der sprachbegabte Schliemann in den Sprachfächern Lateinisch, Englisch und Französisch nur mäßige Bewertungen erhält. Daß er in der Schule bereits Fremdsprachenunterricht hatte, unterschlägt er in seiner späteren Autobiographie wissentlich.

Heinrich Schliemann will nach Fürstenberg in eine Kaufmannslehre gehen. Kurz vor seinem Weggang – Karfreitag 1836 – trifft er zufällig im Hause Laue mit seiner Jugendfreundin Minna zusammen, die er fünf Jahre nicht gesehen hat. „*Als wir einander in die Augen sahen, brachen wir beide in einen Strom von Thränen aus und fielen, keines Wortes mächtig, einander in die Arme*", schreibt er später. „*Jetzt war ich sicher, dass Minna mich noch liebte, und dieser Gedanke feuerte meinen Ehrgeiz an: von jenem Augenblicke an fühlte ich eine grenzenlose Energie und das feste Vertrauen in mir, dass ich durch unermüdlichen Eifer in der Welt vorwärtskommen und mich Minna's würdig zeigen werde. Das Einzige, was ich damals von Gott erflehte, war, dass sie nicht heirathen möchte, bevor ich mir eine unabhängige Stellung errungen haben würde.*"

Doch dieser Wunsch Schliemanns sollte nicht in Erfüllung gehen.

Noch bevor Heinrich Schliemann die Schule in Neustrelitz verläßt, kämpft sein Vater – nur etwa 30 Kilometer entfernt – in Ankershagen den Kampf seines Lebens.

Im Juli 1834 hat das Großherzogliche Konsistorium auf Drängen des Großherzogs das Urteil über Ernst Schliemann gefällt. Es erkennt für Recht, „dass zwar der Prediger E. J. A. Schliemann wegen des wider ihn erwachsenen Verdachts einen während des Lebens seiner im Frühjahr 1831 verstorbenen Ehefrau mit der untergebenen Sophie Schwarz aus Anckershagen getriebenen Ehebruches, und nachhin mit letzterer fortgesetzten gesetzwidrigen Umgangs" wegen Mangels an Beweisen freigesprochen wird, daß aber „sein aktenkundiges höchst leichtsinniges Benehmen, wodurch er sein Amt und den ganzen geistlichen Stand herabwürdiget, die skandalösen Auftritte vor dem Pfarrhause zu Anckershagen ... veranlasst und den Gottesdienst in der hiesigen Kirche in Verfall gebracht hat", die weitere Suspendierung vom Pfarramte erforderlich macht.

Das Konsistorium fordert schließlich die „Versetzung dieses zur Verwaltung des geistlichen Amtes nicht weiter qualifizierten Mannes".

Ernst Schliemann legt gegen das Urteil Revision ein, und das Verfahren wird vom Oberappellationsgericht zu Parchim wieder aufgerollt. Vor Aufnahme neuerlicher Untersuchungen versucht er in einem verzweifelten Brief im Januar 1835, mit Bitten und Beschwörungen, Drohungen und Anschuldigungen dem Großherzog seine Unschuld glaubhaft zu machen, um doch noch die Aufhebung seiner Suspendierung zu erreichen. Er spricht von hinterhältigen Lügen und Verleumdungen und heimlicher Aufhetzung des Pöbels, der Gutsbesitzer und seiner Vorgesetzten, die „seine ganze zeitlose Wohlfahrt, und selbst das Fortkommen seiner Kinder zu Grunde richtet". „Meine Nachkommenschaft soll gebrandmarkt werden", schreibt er an einer anderen Stelle und vergleicht die vom Großherzog ausgesprochene Amtsenthebung in ihrer Wirkung mit dem ehemaligen Kirchenbanne, denn „selbst Kinder halten sich berechtigt, mit Fingern auf den Gebannten zu weisen".

Ernst Schliemanns Briefe sind ausdrucksstark und gewandt formuliert. Sie lassen die Intelligenz, aber auch die Verschlagenheit ihres Schreibers erkennen.

Das Oberappellationsgericht zu Parchim muß Pastor Schliemann schließlich in einem Urteil am 30. November 1835 vom Vorwurf des „Ehebruchs und demnächst fortgesetzten gesetzwidrigen Umgangs mit der Schwarz" mangels Beweisen freisprechen. Sophie Schwarz bleibt unauffindbar. Die Zeugen widersprechen einander oder können sich an Einzelheiten nicht mehr erinnern. Wieder können definitive Beweise nicht erbracht werden. Das Unwahrscheinliche geschieht: Die Suspendierung wird aufgehoben.

Ernst Schliemann hat die Dreistigkeit vom Großherzog zu verlangen „dass Ew. Königl. Hoheit durch die Schweriner Anzeigen sowie durch das offizielle Wochenblatt und durch die Rostocker Zeitungen öffentlich kund zu machen geruhen wollen: Ich sei vor beinahe vier Jahren fälschlich angeklagt, aber nach geschehenen gerichtlichen Untersuchungen nunmehr völlig unschuldig befunden und demgemäß von dem Großherzoglichen Oberappellationsgericht am 30. November dieses Jahres gänzlich absolviert worden!" Er fordert vom Großherzog eine umgehende Wiedergutmachung für „das mir zugefügte himmelschreiende Unrecht" und „meine mehrjährigen unverschuldeten übergroßen Leiden".

Ernst Schliemann verlangt sogar die öffentliche Wiedereinsetzung in sein Amt in Ankershagen. Dieses Ansinnen wird jedoch vom Großherzog abgelehnt, weil wegen der „großen Aufregung der Gemeinde gegen ihn eine heilsame Seelsorge von ihm in derselben nicht zu erreichen sein würde".

Um seinen Ansprüchen Nachdruck zu verleihen, kündigt nun Ernst Schliemann die gerichtliche Einklage seiner Forderungen bei der Großherzoglichen Landesregierung an!

V.
FÜRSTENBERG (1836–1841)
„Fünf und ein halbes Jahr diente ich in dem kleinen Krämerladen ...“

Heinrich Schliemann tritt Ostern 1836 auf Empfehlung von Laue in die „Materialwarenhandlung“ von Ernst Ludwig Holtz in Fürstenberg als Lehrling ein.

Fürstenberg an der Havel ist eine kleine Stadt mit weniger als 3 000 Einwohnern – die Schäden des großen Stadtbrandes von 1807 sind noch nicht alle beseitigt –, ist aber durch ihre großen Buttermärkte in Deutschland bekannt. An der Havel und wichtigen Zufahrtsstraßen gelegen, ist diese Stadt ein bedeutender Markt- und Handelsplatz. Zu Schliemanns Zeiten leben dort 65 Schiffseigner, die mit ihren Lastkähnen den Transport zu Wasser übernehmen. Schliemann kommt während seiner Lehrzeit oft mit Schiffern ins Gespräch. Sie erzählen ihm von ihren weiten Reisen auf deutschen Strömen. Seine Sehnsucht nach der Ferne erhält in Fürstenberg neue Nahrung.

Neunmal im Jahr bieten die großen Güter aus beiden Teilen Mecklenburgs ihre Produkte (Butter, Korn, Glas, Holz und Branntwein) zum Kauf an. Die Käufer kommen aus Berlin, Magdeburg und Hamburg. In guten Jahren werden hier bis 16 000 Zentner Butter umgeschlagen. Mit der Eröffnung der Havelschleuse 1837 und dem Ausbau der Landstraße nach

Materialwarenhandlung in Fürstenberg,
zeitgen. Photo

Berlin geht die Bedeutung dieser großen Produktenbörse rasch zurück.

Das Holtzsche Geschäft befindet sich in der Hauptstraße in der Nähe des Marktes. Es ist ein kleiner Krämerladen mit einem bescheidenen Tagesumsatz von höchstens 15 Talern. Waren des täglichen Bedarfs werden zum Kauf angeboten: Salz, Zucker, Kaffee, Butter, Milch, Öl, Heringe, Talglichter usw., überwiegend Pfennigartikel.

Zum Geschäft gehört auch eine kleine Schankstube, in der billiger Branntwein ausgeschenkt wird, den der Ladenbesitzer selber brennt. Der Branntwein ist ein einträgliches Nebengeschäft. Die Brennereien wachsen wie Pilze aus dem Boden – eine Folge des vermehrten Kartoffelanbaus. In Fürstenberg gibt es allein zehn größere Brennereien, deren Erzeugnisse größtenteils den Weg über die nahe Landesgrenze nehmen.

Die „Branntweinpest" breitet sich in der notleidenden Bevölkerung in Stadt und Land aus. Auch im Fürstenberger Laden dreht sich die Kartoffelmühle pausenlos. Die Lehrlinge wechseln sich beim Drehen ab.

Heinrich steht hinter dem Ladentisch, verkauft die Waren, packt sie ab, fegt abends den Laden aus. Es ist eine anstrengende, schwere körperliche Arbeit, die dem schmächtigen Jungen sehr sauer wird. „*Von 5 Uhr morgens bis 11 Uhr abends war ich in dieser Weise beschäftigt, und mir blieb kein freier Augenblick zum Studiren. Ueberdies vergass ich das Wenige, was ich in meiner Kindheit gelernt hatte, nur zu schnell, aber die Liebe zur Wissenschaft verlor ich trotzdem nicht – verlor ich sie doch niemals …*", heißt es später von dieser Zeit.

So erscheint es ihm als größtes Glück, als eines Abends der angetrunkene Müllergeselle Hermann Niederhöffer den Laden betritt – Sohn eines Predigers in Röbel und herausgeworfener Gymnasiast – und Verse des Homer in der Originalsprache „*mit vollem Pathos*" deklamiert. „*Obgleich ich kein Wort davon verstand, machte doch die melodische*

Sprache den tiefsten Eindruck auf mich, und heisse Thränen entlockte sie mir über mein unglückliches Geschick. Dreimal musste er mir die göttlichen Verse wiederholen, und ich bezahlte ihn dafür mit drei Gläsern Branntwein, für die ich die wenigen Pfennige, die gerade mein ganzes Vermögen ausmachten, gern hingab. Von jenem Augenblick an hörte ich nicht auf, Gott zu bittcn, dass er in seiner Gnade mir das Glück gewähren möge, einmal Griechisch lernen zu dürfen."

Heinrich, der erstmals in seinem Leben die Nestwärme einer engen familiären Bindung vermißt, der in Fürstenberg offenbar keine gleichgesinnten Freunde findet, leidet besonders in der ersten Zeit seiner Lehre unter Vereinsamung. Er – dessen seelische Wunden noch frisch sind – kommt in eine empfindliche Phase der körperlichen Entwicklung und geistigen Reife.

Später findet er bildhafte Worte, um seiner damaligen Unzufriedenheit mit sich selbst, seiner Bedrücktheit Ausdruck zu verleihen, ohne die wahren Ursachen dafür zu benennen.

Nach dem plötzlichen Tod seines Lehrherren Ernst Ludwig Holtz übernimmt dessen Schwiegersohn – Hans Theodor Hückstädt aus Neubrandenburg – nach einem Jahr das Geschäft. Im Kaufvertrag wird der Lehrling Heinrich Schliemann als lebendes Inventar mit übernommen. –

Im August 1836 erreichen den Großherzog belastende Berichte der Gutsbesitzer von Ankershagen und der Nachbargemeinden über neuerliche unwürdige Auftritte des Pastors

Schliemann unter Einwirkung von Alkohol. Anlaß waren ein Streit Ernst Schliemanns mit dem Gutsbesitzer Gundlach auf dessen Hof im benachbarten Möllenhagen sowie eine Auseinandersetzung mit seinem neuen Dienstmädchen Sophie Behnke während und nach einer Kutschfahrt von Penzlin nach Ankershagen.

In einer seltenen Einmütigkeit sprechen sich alle Gutsbesitzer – Strecker auf Ankershagen, von Bülow auf Wendorf, Held auf Pieverstorf, Gundlach auf Rumpshagen, von Klitzing auf Dambeck, Gundlach auf Möllenhagen und Schroeder-Richter auf Rethwisch – entschieden gegen die Wiedereinsetzung Schliemanns als Pfarrer in Ankershagen aus.

Der Großherzog veranlaßt daraufhin im November 1836 die kirchliche Aufsichtsbehörde in Rostock zur Wiederaufnahme der Untersuchungen der „neuerdings zur Last gelegten und bisher noch nicht zur Untersuchung gezogenen Vergehungen".

Die zusammengetragenen Fakten reichen jedoch nicht aus, um eine Amtsenthebung Schliemanns ohne Entschädigung durchzusetzen.

Daraufhin entschließt sich der Großherzog, von Schliemann einen Vorschlag wegen „gänzlichen Rücktritts von der Pfarre gegen Abfindung" zu fordern. Ernst Schliemann will unter der Bedingung zurücktreten, daß ihm „ein für allemal ein Aversionsquantum (Abfindungssumme – W. B.) von 10 000 Talern bar ausgezahlt wird". Der Großherzog lehnt das Verlangen „als alles Maß überschreitend" ab.

Ernst Schliemann erklärt seine Absicht, in Gehlsdorf bei Rostock ein Grundstück käuflich zu erwerben und dort zu wohnen.

In den Mecklenburg-Strelitzischen Anzeigen vom 14. März 1838 läßt Schliemann inserieren:

„Wegen meines Wegzuges von hier sollen am 26sten dieses Monats auf der Pfarre hieselbst in öffentlicher Auction verkauft werden: 2 junge Wagenpferde, 1 klcines Reitpferd, 2 frischmilchende Kühe, Federvieh, 2 Blockwagen nebst Leitern, ein ganz neuer noch nicht beschlagener Schiefwagen nebst Scheidenleitern, eiserne und hölzerne Eggen, 2 Pferdehaken und verschiedene Instrumenta rustica; ferner Schränke, Sophas, Stühle, Spiegel, Bettstellen, Mahagoni Spiel- und Theetische, so wie viele andere große und kleine Tische, 1 große Wand-Repetir-Uhr, 1 Fortepiano, so wie ausserdem noch vieles Haus- und Küchengeräthe. Kaufliebhaber werden eingeladen, sich gedachten Tages, Morgens 9 Uhr, auf der Pfarre hieselbst einzufinden. Die Bezahlung ist beim Vieh in Golde, bei den übrigen Sachen in Preuß. Courant.

Ankershagen, den 3ten März 1838.
Schliemann, Pastor.“

Nach seiner schriftlichen Zusicherung, die Pfarre innerhalb einer Woche zu räumen, werden ihm schließlich 7 000 Taler ausgezahlt, wozu die Sparkasse in Schwerin eine Anleihe aufnehmen muß.

Am 21. Mai 1838 verläßt Ernst Schliemann Ankershagen und siedelt nach Rostock-Gehlsdorf über. Kurze Zeit danach, am 30. Juli 1838, heiratet er sein Dienstmädchen Sophie Behnke, die Tochter eines Webers auf Friederikenhof bei Penzlin, und hat mit ihr noch zwei Kinder. Die Ehe wird um 1855 geschieden.

Das negative Erbe von Pastor Schliemann soll die Pfarre noch lange zu spüren bekommen. Die Akten sind unzureichend geführt und die Äcker schlecht gepflegt. Außerdem wird der neue Pfarrer Conradi verpflichtet, von seinen Pfarreinkünften, die sich auf etwa 1 000 Reichstaler belaufen, zur Abzahlung der Anleihe jährlich 600 Taler abzutreten. Die Pfarre verschuldet dadurch schwer, erst 1854 kann die Schuld getilgt werden.

Aber Ernst Schliemann gibt auch nach der Abfindung keine Ruhe. Von Rostock aus stellt er an die Großherzogliche Regierung weitere finanzielle Forderungen.

„Wegen unziemlicher Schreibart, vor welcher Sie bei ernster Strafe für die Zukunft gewarnt werden“, lehnt der erboste Großherzog ab.

Im Oktober 1839 leitet Ernst Schliemann dennoch ein neues gerichtliches Verfahren ein. Der Prozeß zieht sich hin. Endlich willigt Ernst Schliemann im Juni 1841 in einen Vergleich ein.

Zehn Jahre sind inzwischen seit der ersten offiziellen Beschwerde der Tagelöhner und Gutsbesitzer an den Großherzog und der von ihm veranlaßten Untersuchungen vergangen.

Fürstenberg, zeitgen. Ansicht

Die Fürstenberger Zeit – fünf lange Lehr- und Arbeitsjahre – wird von Schliemann in der autobiographischen Erinnerung bewußt als moralischer Tiefpunkt des bisherigen Lebens geschildert. Er setzt sein ganzes schriftstellerisches Vermögen ein, um beim Leser den Eindruck des Gefangenseins und der geistigen Unterdrückung entstehen zu lassen.

Bei Kenntnis der wirklichen Verhältnisse gewinnt man auch hier den Eindruck, daß Schliemann nur die Schattenseiten dieser Zeit darlegen will, um vor dem Leser seine geistig und moralisch niedrige Startposition für den anschließenden Aufstieg so ungünstig wie nur möglich erscheinen zu lassen.

Hans Theodor Hückstädt ist durchaus nicht der kleine,

Theodor Hückstädt,
Lehrherr Schliemanns

geistig zurückgebliebene Krämer, wie man vielleicht annehmen könnte. Er ist der Sohn eines Pfarrers, zehn Jahre älter als Schliemann. Der *„treffliche Herr Hückstädt“*, wie ihn Schliemann einmal nennt, wurde nur durch eine schwache

Gesundheit am Studium gehindert. Er ist ein aufgeklärter Mann mit offenbar guten Voraussetzungen für die Führung junger Menschen.

Hückstädt zählt schon in jungen Jahren zu den Honoratioren der Stadt. Er nimmt an den Vorbereitungen der Achtundvierziger Revolution in Mecklenburg-Strelitz regen Anteil. So ist er Mitglied des liberalen Reformvereins und einer von zwei Deputierten der Stadt Fürstenberg, die im April 1848 an der Versammlung der Mecklenburger Reformvereine in Güstrow teilnehmen.

Hückstädt gehört zu den wenigen Männern in Mecklenburg, die auch nach der gescheiterten Revolution ihren Ideen treu bleiben. Er gewährt dem steckbrieflich gesuchten Demokraten Gottfried Kinkel auf dessen von Carl Schurz ermöglichten Flucht ins Ausland im November 1850 die erste Unterkunft auf nichtpreußischem Boden. Später hat er in der Stadtvertretung eine geachtete Stellung inne.

Seine Frau ist die vermögende Tochter eines Bauhofbesitzers, der über größere Ländereien verfügt. Die Prinzipalin – eine resolute Frau, die das Herz am rechten Fleck hat – läßt auch Heinrich ihre Fürsorge angedeihen. Er kommt also in eine fortschrittlich denkende und verständnisvolle Familie, die den aufgeweckten jungen Mann fördert und unterstützt.

In Schliemanns autobiographische Komposition paßt aber besser diese Darstellung: „*Doch schien sich mir nirgends ein Ausweg aus der traurigen und niedrigen Stellung eröffnen zu wollen, bis ich plötzlich wie durch ein Wunder aus derselben befreit wurde. Durch Aufheben eines zu schweren Fasses zog ich mir eine Verletzung der Brust zu – ich warf Blut aus und war nicht mehr im Stande, meine Arbeit zu verrichten.*“

Die geschilderte Szene entbehrt nicht eines tragischen Effekts und verstärkt zumindest hintergründig die Vorstellung von den Leiden und Qualen des Lehrjungen. Nach Überlieferung von Nachkommen der Hückstädts litt Schliemann aber während der gesamten Lehrzeit an einer kranken Lunge und an damit verbundenen Blutstürzen. Die plötzliche Krankheit ist keine Folge einmaliger übermäßiger Arbeitsanstrengung.

Heinrich Schliemann hatte schon ein halbes Jahr zuvor – nach Beendigung seiner Lehrzeit – einen Versuch unternommen, Fürstenberg zu verlassen und eine neue Existenz aufzubauen.

Er berichtet seinen Schwestern Wilhelmine und Doris in einem Brief vom 20. Februar 1842, daß er sich entschlossen hätte, mit einem Schulfreund am 25. Juli nach New York auszuwandern. Das hatte der Vater Schliemanns aber zu verhindern gewußt. Heinrich Schliemann schien der Überfahrt nach Nordamerika so sicher zu sein, daß er am Ort mehrere Stellenangebote abgelehnt hatte und nun um Johannis stellungslos ist.

Rostock, zeitgen. Ansicht, um 1840

VI.
ROSTOCK UND HAMBURG (1841)
„In meiner Verzweiflung ging ich zu Fuss nach Hamburg …"

Schliemann begibt sich nach Rostock, um seine *„mercantilischen Kenntnisse"* in einem Handlungsinstitut zu vertiefen, das nächste Ziel Hamburg schon vor Augen. Er besucht seinen Vater in Gehlsdorf, vor allem um sein mütterliches Erbteil abzuholen. Dort trifft er auch seine Stiefmutter Sophie

Behnke und sieht seine jüngeren Geschwister Luise und Paul wieder. Über ihre vernachlässigte Erziehung ist er ebenso entsetzt wie über „*das ruchlose Leben und Treiben im elterlichen Hause*".

Seinen Schwestern beschreibt er die abstoßenden Verhältnisse mit schonungslosen Worten: „*Kaum grauet der Tag, so beginnen zwischen dem unglücklichen Ehepaar die gemeinsten Beschimpfungen, die selbst der entartetste Pöbel sich auszusprechen schämt, gegenseitige Verfluchungen und Verdammungen bis in den Abgrund des Tartarus, dauernd vom frühen Morgen bis zum späten Abend, einen Augenblick küssen sie sich und im anderen halten sie sich des einander Anspuckens nicht wert. Ihr habt gar keinen Begriff von den schauderhaften Szenen, die mitunter vorfallen.*"

Heinrich will den ständigen Streitereien in der zweiten Ehe seines Vaters aus dem Wege gehen und mietet sich in der Rostocker Altstadt, in der Kleinen Wasserstraße 17, bei einem Freund seines früheren Prinzipals ein kleines Kämmerchen.

Es spricht für den beruflichen Ehrgeiz des jungen Schliemann, daß er schon zu dieser frühen Zeit darum bemüht ist, seine eher dürftigen kaufmännischen Kenntnisse zu vervollkommnen, um seine Startbedingungen als angehender Kaufmann zu verbessern. Schliemann besucht das von Heinrich Schwanbeck 1825 in der Hansestadt begründete moderne Handels-Institut. Die Gründe für das Verschweigen dieser für ihn wichtigen Ausbildungsetappe in

Kleine Wasserstraße 17, Schliemanns Quartier in Rostock, 1841

seiner Autobiographie können nur vermutet werden. Schliemann nimmt ein halbes Jahr lang Unterricht in der doppelten Buchführung und in der englischen Sprache: *„Mit dem regsten Eifer begann ich das ungeheure Werk der Schwanbeckschen Buchführung, arbeitete vom frühen Morgen bis zum späten Abend und sah mich zum Erstaunen der Lehrer und Mitschüler, obgleich ich sämtliche 9 Bücher selbst linirte, schon am 10ten Sptbr. am Ende m(eines) Werks, worauf Andere 1–1½ Jahre arbeiten."*

Bereits dieser erste bisher bekanntgewordene, 64 Seiten (!)

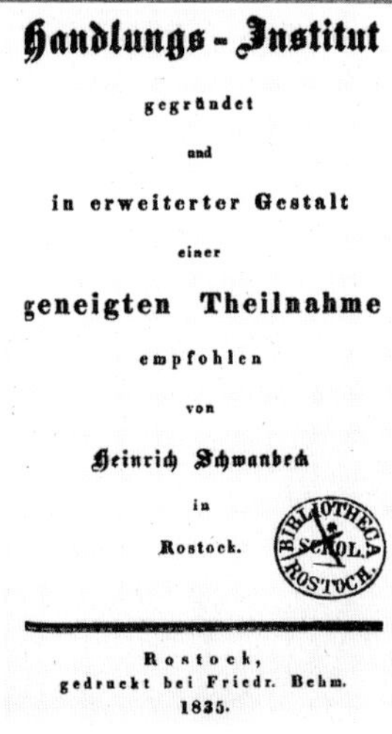

Handlungs-Institut

gegründet

und

in erweiterter Gestalt

einer

geneigten Theilnahme

empfohlen

von

Heinrich Schwanbeck

in

Rostock.

Rostock,
gedruckt bei Friedr. Behm.
1835.

Rostocker Markt (zeitgen. Ansicht) und Werbeprospekt des Schwanbeck'schen Handlungsinstitutes lange Brief des 20jährigen an seine Schwestern vom 20. Februar 1842 ist symptomatisch für die Art und Weise der Schliemannschen Selbstdarstellung: Er stellt eigene Leistungen gebührend in den Vordergrund, klatscht sich gern selber Beifall und geht verschwenderisch mit Superlativen um.

Während des kurzen Aufenthaltes in Rostock versucht Heinrich Schliemann auch, etwas zur Gesundung seiner schwachen Natur zu unternehmen. Er macht eine Wasserkur, wozu er jede Woche das eineinhalb Wegstunden von Rostock entfernte Dorf Bentwisch aufsucht. Diese Kur bringt offenbar solchen Erfolg, daß er später solche Behandlungen bevorzugt und sie auch anderen empfiehlt.

Seine finanzielle Situation während des Rostocker Aufenthaltes ist sehr prekär. Den Briefen an seine Schwestern vertraut er an:

„Da ich in Fürstenberg während der ¾ Jahre gar nichts erübrigen konnte, indem ich noch Pr. Crt. Rt., wie auch Doris weiß, für Giftmischerrechnungen (Doctor und Apotheker) von Anno 39 zu bezahlen hatte, die Vater nicht berichtet, so mußte ich natürlich in Rostock Schulden machen, nämlich

für Miethe	*Rt. 5,–*
„ Unterricht im Buchhalten und Englischen	*20,–*
„ 9 dazu nöthige Bücher	*4,–*
„ Beköstigung und Nebenausgaben für Papier usw.	*10,–*

„	*Wasserkur bei T. F. Vick*	*11,–*
„	div. Tuch	10,–
„	Schneiderrechnung	13,–
„	Schuster do.	6,–
„	Schneider do., die noch von damals herstammte, als ich bei Otto war	9.32
		Rt. 88.32"

Offenbar auch wegen dieser Schulden muß es zu heftigen Auseinandersetzungen mit dem Vater gekommen sein. Schliemann berichtet seinen Schwestern: „*Ihr werdet leicht einsehen, dass ich unter diesen Umständen nicht zu Hause leben konnte … bekräftige es Euch jedoch mit dem heiligsten Eide, dass ich … nur den solidesten Lebenswandel geführt, und nicht, wie Vater mich überall verschrieen, ein Vagabund und Studentenherumtreiber gewesen bin …*"

Am 10. September schließlich reist Schliemann mit 29 Reichstalern in der Tasche, die nach Abzug seiner Auslagen vom mütterlichen Erbe noch übrigblieben, mit einer Extrapost in Richtung Hamburg. Daß er – um Geld zu sparen – nur ein kurzes Stück gefahren, die übrige Strecke aber gelaufen sei, wie er in einem späteren Tagebuch angibt, muß bezweifelt werden. In dem genannten Brief an die Schwestern hat er seine Postreise bestätigt.

Über Bad Doberan führt die Reise zunächst nach

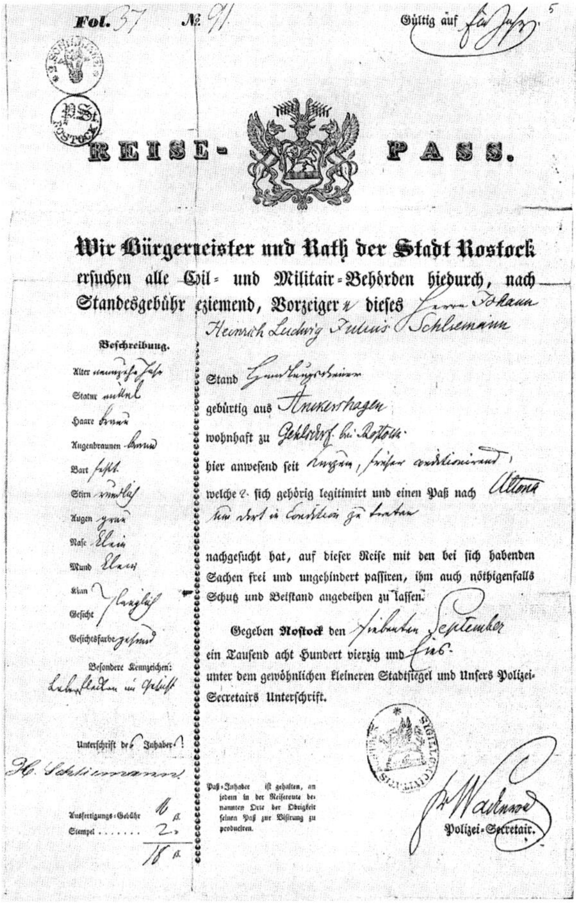

Fol. 37 № 91 Gültig auf fünf Jahr

REISE-PASS.

Wir Bürgermeister und Rath der Stadt Rostock ersuchen alle Civil- und Militair-Behörden hiedurch, nach Standesgebühr geziemend, Vorzeiger dieses Herrn Johann Heinrich Ludwig Julius Schliemann

Beschreibung.

Alter neunzehn Jahr
Statur mittel
Haare braun
Augenbraunen braun
Bart fehlt
Stirn rundlich
Augen grau
Nase klein
Mund klein
Kinn länglich
Gesicht länglich
Gesichtsfarbe gesund
Besondere Kennzeichen: Leberflecken im Gesicht

Unterschrift des Inhabers: H. Schliemann

Ausfertigungs-Gebühr 16 ß
Stempel .... 2 "
18 ß

Stand Handlungsdiener
gebürtig aus Ankershagen
wohnhaft zu Gehlsdorf bei Rostock
hier anwesend seit längern, früher conditionirend,
welcher sich gehörig legitimirt und einen Paß nach Altona um dort in Condition zu treten
nachgesucht hat, auf dieser Reise mit den bei sich habenden Sachen frei und ungehindert passiren, ihm auch nöthigenfalls Schutz und Beistand angedeihen zu lassen.

Gegeben Rostock den siebenten September ein Tausend acht Hundert vierzig und fünf unter dem gewöhnlichen kleineren Stadtsiegel und Unsers Polizei-Secretairs Unterschrift.

Paß-Inhaber ist gehalten, an jedem in der Reiseroute benannten Orte der Obrigkeit seinen Paß zur Visirung zu produciren.

Polizei-Secretair.

Reisepaß der Stadt Rostock für Heinrich Schliemann

Neubukow, seiner Geburtsstadt, die er nach 18 Jahren wiedersieht. Am Markt kehrt er in das Gasthaus „Zur goldenen Trompete“ ein, wo er vom Wirt *„mit Ohrwurmfreundlichkeit und wahrer Herzzerrinnigkeit empfangen und bewillkommt“* wird. *„Der Discours zwischen mir und dem Wirthe wurde nur von Staats- und gelehrten Sachen geführt, und wie ich ihm erzählte, dass ich auch ein Neu-Buckower und Sohn des früheren dortigen Predigers sei, entspann sich gar eine dicke Freundschaft zwischen uns …“*, prahlt Schliemann seinen Schwestern gegenüber in seinem Brief. Zu Mittag bekommt er *„eine Portion garstiges Rührey, was nicht halb gar war“*, für 6 Schilling vorgesetzt, besucht danach das Grab des Bruders Erst-Heinrich und setzt dann seine Reise nach Wismar fort, *„ohne etwas anzutreffen, was der Notierung ins Tagebuch werth gewesen wäre“*.

Hier überbringt er mehrere Depeschen seines Vetters Adolph und trifft mit seiner Cousine Sophie aus Kalkhorst zusammen, die er acht Jahre nicht gesehen hat. Der 19jährige berichtet seinen Schwestern schwärmerisch: *„Oh! Wie hat die Natur dies Mädchen in acht Jahren umgestaltet! Ihre Gestalt so schlank und grazienhaft, die angeborene kunstlose Anmut ihrer Bewegungen, die Zartheit und Schönheit ihrer Gesichtszüge und der Blick, den ihre schönen, glänzenden Augen auf mich senkten, bezauberten mich fast, und ich möchte behaupten, daß die beglückteste Phantasie eines Dichters in den Schöpferstunden seiner Muse kein solch Ideal edler Schönheit sah, als hier in so unendlicher Anmut vor mir stand. Auch sie*

Zeitgen. Ansicht von Hamburg

schien sehr betroffen, denn ich sah, wie ihre schönen Wangen bald erröteten, bald erblaßten ... Ich mußte meine ganze Lebensgeschichte erzählen ... und wurde ... von allen zu dem meiner harrenden Wagen begleitet; hier geschah ein rührender Abschied, ich drückte ein paar glühende Küsse auf Cousinchens Mund ...“

Über Gadebusch und Mölln gelangt Heinrich Schliemann am übernächsten Tag nach Hamburg. Am Morgen sieht er aus dem Gasthaus „Heydkrug“, in dem er zwei Meilen vor der Stadt übernachtet hat, Hamburgs fünf Kirchtürme.

Victoria Hotel in Hamburg, 1852

„Großartige, ahnungsvolle, unbeschreibliche Gefühle bemächtigten sich meiner bei diesem Anblicke; jetzt endlich sah ich das große Ziel vor Augen, nach dem meine Sehnsucht schon so lange stand und das mir so manchen Schlaf geraubt, jetzt sah ich die Stadt vor Augen, die in der mercantilischen Welt von allen obenan steht."

Und um seinen in der Enge der mecklenburgischen Provinz zurückgebliebenen Schwestern seine übermächtigen Eindrücke glaubhaft zu machen, fügt er hinzu: *„Über eine Stunde stand ich nackend da, ohne zu wissen, dass ich nackend*

Thalia-Theater in Hamburg, 1846

sei, Hamburgs Anblick hatte mich gleichsam in den dritten Himmel erhoben, bei Hamburgs Anblick war ich zum Träumer geworden.“

Heinrich steigert sich in eine Hochstimmung hinein, die nach den Entbehrungen und der Bedrückung der letzten Jahre verständlich erscheint. Er beginnt – auf sich allein gestellt – die Weltstadt zu erobern. Ein neues Blickfeld erschließt sich ihm, neue Wertmaßstäbe bilden sich aus.

„Oh! Ihr solltet diese Pracht und diese Eleganz sehen, die sich zu beiden Seiten unseren Blicken darbot“, schreibt er, *„Ihr*

Die neue Börse am Adolphsplatz in Hamburg (1841)

würdet einen ganz anderen Begriff von dem Reichthum dieser Welt bekommen, der sich dort so deutlich malt.“

Die Atmosphäre der großen Handels- und Hafenstadt überwältigt ihn. „*Oh! welch ein Gewühl von Menschen, welch eine Frequenz, welch ein Auflauf, und welch ein Handel und Wandel in den Straßen, Alles läuft, Alles rennt, Alles drängt sich durcheinander, und das Ganze ist gleichsam ein ungeheures Chaos …*

In jedem Hause wird Handel und Wandel getrieben, und große von der Erde bis zum 2ten Stock reichende Schilder, worauf die verkäuflichen Producte und Waren abgemalt sind, bezeichnen die Geschäftsbranche …“

Heinrich Schliemann begibt sich auf den Weg zur Börse, wo er einigen Kaufleuten Empfehlungsbriefe von Hückstädt überbringt. Er glaubt nicht, *„dass soviel Menschen in ganz Hamburg wären, als sich hier bei mir unter einem Dache herumdrängten und mit ängstlich forschendem Blick am Geschäftsbarometer die wankelnde Conjunctur beobachteten"*. Er ist begeistert von der prächtig verzierten, soeben eingeweihten Börse, den vielen Banken und dem *„palastartigen"* Rathaus.

Schliemann wendet sich zum neuen Hafen, besieht die unzähligen Schiffe aus allen Erdteilen, genießt vom „Stintfang" den schönen Ausblick über den Hafen und ersteigt den Turm der großen Michaelis-Kirche. *„Oh! Ihr habt keinen Begriff von den schönen Umgebungen Hamburgs und Altonas, kein Pinsel vermag die Landschaften so schön zu malen, als man sie von den Wolken herab in so unendlicher Fülle erblickt"*, schwärmt er den Schwestern vor. Ja, das ist schon eine andere Perspektive, als er sie bei seinen sehnsüchtigen Ausblicken vom Ankershagener oder Neustrelitzer Kirchturm in die Ferne hatte.

Heinrich Schliemann lernt noch den ältesten Teil Hamburgs mit seiner historisch gewachsenen Stadtstruktur kennen, ehe dieser 1842 vom Großen Brand vernichtet worden ist. Der Stadtgraben gilt noch als Stadtgrenze, abends werden die Stadttore geschlossen. Hamburg hat sich Anfang des 19. Jahrhunderts dank seiner Neutralitätspolitik zum führenden kontinentalen Umschlagplatz und Finanzzentrum entwickelt.

Diese Stadt ist ein Importhafen für englische Kolonialwaren und für Produkte der fortgeschrittenen britischen Industrie. Neue Handelsbeziehungen ergeben sich nach der Befreiung Lateinamerikas.

Die Auswanderungsbewegung des 19. Jahrhunderts – besonders nach Nordamerika – eröffnet einen neuen Markt: Auswanderer auf der Hinreise, Fracht auf der Rückreise. In der Zeit der Hochkonjunktur bis zur Weltwirtschaftskrise 1857 werden Hunderte von Hamburger Tiefwasserseglern und erste Überseedampfer eingesetzt.

In den Berichten an seine Verwandten gibt sich Schliemann weltmännisch. Mitunter ist auch eine gewisse Überheblichkeit den Schwestern gegenüber spürbar.

Heinrich begibt sich durch das Altonaer Tor in die Vorstadt St. Pauli, schlendert über die Reeperbahn, besieht sich neugierig die „*fast nur für das Vergnügen und Wollust eingerichteten Gebäude*“ und besucht den großen Markt in Altona.

Schließlich stattet er der Familie Köppen – guten Bekannten seines Vaters – einen Besuch ab. Frau Köppen schildert Heinrich Einzelheiten von dem Liebesverhältnis des Vaters zu Sophie Schwarz, der ehemaligen Magd aus Ankershagen, die jetzt in Hamburg wohnt.

„Sie erzählte darauf, daß Vater dies Mädchen bei ihrer Schwiegermutter in B. mehrere Jahre verborgen gehalten, weil sie dort jedoch aufgespürt worden, zu ihr nach Altona gesandt habe, indem er sich erboten, ein sehr bedeutendes Kostgeld zu zahlen ... Die Schwarz habe immer die kostbarsten Geschenke, sowohl an Geld, als an Luxusartikeln vom Vater bekommen und ihr immer vorgerechnet, wie lange es noch dauern würde, bis sie Frau Pastorin würde. Ihre Bekleidung wäre immer wie eine Fürstin gewesen, Kleider von dem schwersten Atlas, kostbare Umschlagtücher von Sammet oder Seide usw. seien ihre ganz alltägliche Tracht gewesen ..."

Schliemann beschließt, von Neugier getrieben, Sophie Schwarz im Hotel „Zum Kronprinzen" aufzusuchen, wo sie als Zimmermädchen arbeitet. Er will die Frau, die soviel Leid über seine Familie gebracht hat und die er *„stets verabscheut hatte"*, noch einmal sehen.

Er gibt sich ihr zu erkennen, und es kommt zu einem Gespräch mit der Schwarz, das Schliemann seinen Schwestern in auffallender Ausführlichkeit in einem seiner Briefe an sie wörtlich wiedergibt. Es ist die bewegende Anklage einer von Schliemanns Vater ausgenutzten, betrogenen und sitzengelassenen jungen Frau. Als sie von Heinrich Schliemann erfährt, daß sich sein Vater wieder verheiratet hat, gerät sie in eine furchtbare Wut und verflucht den Mann, der sie hintergangen hat:

„Ich war ein armes Dorfmädchen, war von einem Knechte entehrt und geschändet ... und hatte daher nie Hoffnung, einen Mann zu bekommen. Ich war durchaus ein ungebildetes Mädchen und konnte, da ich weder lesen noch schreiben konnte, nie etwas Anderes werden als gemeine Magd.

Mit trüben Blicken sah ich in die Zukunft, da eröffnete mir ein so geehrter und in allgemeiner Achtung stehender Mann, dem Tausende andächtig zuhören, indem er das Wort des Höchsten verkündet, da eröffnet mir ein Prediger seine Liebe. – Er schwur mir bei allen Heiligen mich zu heirathen, er beschenkte mich aufs Glänzendste, er ließ mich in Allem unterrichten, die brillantesten Aussichten für die Zukunft präsentierten sich mir. Ich, die ich in solcher Verachtung stand, daß jeder gemeine Knecht sich schämte, mit mir zu sprechen, ich sollte jetzt zu den gebildetsten Cirkeln Zutritt finden, ich sollte die Mutter einer so gebildeten, geachteten Familie, sollte die Mutter von Tausenden werden so wie er der Vater derselben war, sollte eine Pastorin werden. Hierdurch geblendet willigte ich in seine Wünsche, und es geschah, was geschehen und jetzt nicht mehr zu ändern ist.

Alle Menschen sind mehr oder weniger dem Sinnlichen ergeben, und gewiß von Tausenden in meiner Lage, würde keiner anders gehandelt haben, wie ich es that und jetzt zu spät bereue.“ „Thränen stürzten ihr dabei aus den Augen. Ich wollte sie nicht weiter beunruhigen und ging, um nie wieder zu kommen …“, schreibt Schliemann weiter.

Heinrich Schliemann rechtfertigt den Vater nicht. Sein menschliches Mitgefühl gehört dieser Frau.

Die Geständnisse von Sophie Schwarz überführen den Vater Schliemanns – wenn auch nicht juristisch und erst nach Ende der Untersuchung im Jahre 1838 – der ihm von der übergeordneten Kirchenbehörde zur Last gelegten Verfehlungen.

Es gelang Ernst Schliemann zwar, sich einer formellen Verurteilung durch eine gerichtliche Instanz zu entziehen, die Seele seines Sohnes Heinrich belastet er mit einer schweren Hypothek.

Heinrich Schliemann ist nicht als Reisender nach Hamburg gekommen, er sucht eine kaufmännische Arbeit, um existieren zu können. Und das fällt ihm schwer, weil seine Gesundheit sehr angegriffen ist.

Eine erste Anstellung findet er in einem Kolonialwarenladen am Fischmarkt in Altona. Doch da er keine schweren Arbeiten versehen kann, gibt er die Stelle bereits nach drei Tagen wieder auf. Die nächste Arbeit in einem Kontor gefällt ihm zwar, ihm geht aber das Geld aus, so daß er seine Miete nicht mehr bezahlen kann. Heinrich speit häufig Blut und hat heftige Brustschmerzen.

In seiner Not wendet er sich brieflich an seinen Onkel Wachenhusen in Vipperow bei Röbel und bittet ihn um 10 Reichstaler. Der schickt zwar das Geld, macht ihm aber offenbar deswegen Vorhaltungen. Heinrichs Ehrgefühl ist schwer verletzt. „*Ich legte jedoch ein heiliges Gelübde ab, nie, in welche schreckliche Lage ich auch kommen würde, um die Hülfe eines Verwandten zu bitten, und lieber den furchtbarsten Hungertod zu sterben, als einen solchen Menschen zu bitten, mir ein Brodtkrümel zu leihen …*“

Bald darauf bekommt Schliemann von dem Schiffsmakler J. F. Wendt, der in Sternberg mit Schliemanns Mutter zur

Schule gegangen war, eine *„brillante Stelle in La-Guayra in Columbien“* (gehört heute zu Venezuela – W. B.) angeboten: *„Bei diesen Worten verjüngten sich bei mir alle die alten Hirngespinste aus der Jugend, alle die alten Schiffs- und Reise-Phantasien traten mir, nachdem sie nun fast vier Jahre im Schlummer gelegen, mit einemmale bei dem Worte Columbien vor die Seele …“*

Schliemann sagt sofort zu und wird von den Schiffseignern der Brigg „Dorothea“ – Krogmann & Wachsmuth – nach einer Eignungsprüfung, bei der man vor allem seine Sprachkenntnisse testet, angestellt.

Heinrich Schliemann erhält freie Passage und ist einer von drei Passagieren auf diesem Schiff. Sein Bericht über eine Anstellung als Kajütenjunge ist eine romantische Erfindung in der Selbstbiographie von 1881. Auf der erhaltenen Liste der Besatzungsmitglieder der „Dorothea“ taucht Schliemanns Name nicht auf. Er kauft sich vom Geld des Onkels eine Seegrasmatratze und zwei wollene Decken für eine Schlafgelegenheit und rüstet sich mit Empfehlungsschreiben für seine neuen Patrone aus – so die sachliche Schilderung an seine Schwestern 1842. In seiner Selbstbiographie erhält dieser Vorgang eine dramatische Drapierung: *„Ich war immer schon arm gewesen, aber doch noch nie so gänzlich mittellos wie gerade zu jener Zeit: musste ich doch meinen einzigen Rock verkaufen, um mir eine wollene Decke anschaffen zu können!“*

Dem Schiffsmakler Wendt, der Schliemann auch nach dessen Schiffbruch in Holland väterlich zur Seite stehen wird,

Der neue Hamburger Hafen um 1840

zeigt er zeitlebens eine große Dankbarkeit. In einem Brief an seine Schwestern schreibt Schliemann am 20. Februar 1842: *„Sollte ich noch einmal, wie man nicht wissen kann, reich und glücklich werden, so würde ich mich dem Herrn J. F. Wendt in Hamburg gewiß sehr erkenntlich beweisen, denn diesem edlen Menschenfreunde verdanke ich mehr wie mein Leben, was das Schicksal mir erhielt. Was er für mich gethan hat, thut unter Millionen keiner."*

Wendt sorgt auch dafür, daß Schliemann Empfehlungsschreiben im Reisegepäck mit sich führt, die ihm bei der

Brigg im Sturm

Beschäftigung in Südamerika behilflich sein sollen. Ein derartiges Schreiben vom 19. November 1841 hat sich bis heute erhalten. Es wird im Schliemann-Museum in Ankershagen aufbewahrt.

Jahr für Jahr verläßt eine wachsende Zahl von Menschen ihre deutsche Heimat in der Hoffnung, eine neue Existenz im Ausland zu begründen. Während die Zahl der Auswanderer aus Deutschland zwischen 1835 und 1844 etwas über 200 000 beträgt, werden es schon von 1845 bis 1854 mehr als eine Million sein. Insgesamt wird die Zahl der deutschen

Verordnung
in Betreff
der Beförderung
von
Auswanderern,
welche von
Hamburg über andere Europäische Zwischenhäfen
nach fremden Welttheilen auswandern.

Auf Befehl
Eines Hochedlen Raths
der freien und Hansestadt Hamburg
publicirt
den 28. Mai 1851.

Gedruckt bei Joh. Aug. Meißner, E. Hochedl. und Hochw. Raths Buchdr

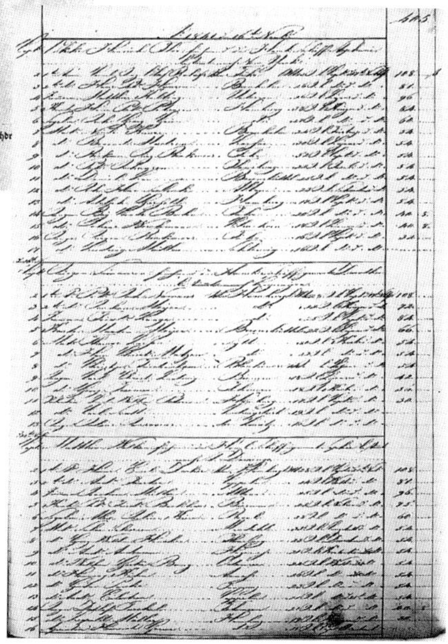

Auswandererverordnung von 1851 (oben)

Liste der Besatzungsmitglieder der „Dorothea" (rechts), Schliemanns Name fehlt

Auswanderer im 19. Jahrhundert auf mindestens 5 Millionen Menschen geschätzt.

Es sind unterschiedliche Gründe, die diese Menschen veranlassen, nach Amerika oder Australien zu gehen. Der enorme Fortschritt des Kapitalismus besonders während der 30er und 40er Jahre ist für breite Schichten der Bevölkerung mit verstärkter Ausbeutung und sozialem Elend verbunden. Wirtschaftliche Not und politische Zwänge, oft auch romantische Vorstellungen, führen zu einem Aderlaß großen Ausmaßes in Deutschland.

In Mecklenburg – auf dem platten Lande, vor allem in ritterschaftlichen Gebieten, bei den Tagelöhnern und kleinen Bauern – schreit die Not zum Himmel. Die Sehnsucht nach freier Arbeit auf eigenem Boden unter menschenwürdigen Bedingungen ist übermächtig.

Die Flucht der Tagelöhner, die kein Besitz an ihre Heimat bindet, ist so verbreitet, daß Unternehmer wie der Kaufmann und Gütermakler J. H. Bahlmann aus Waren – mit dem Schliemann korrespondiert – Leutenot auf den Gütern befürchten. In einzelnen Gutsdörfern, zum Beispiel in Reuters engerem Heimatbezirk Stavenhagen, wandert bis zu 10 Prozent der Einwohnerschaft aus. Viele Handwerker und Kaufleute sind darunter, die Innungszwang und Niederlassungsrecht an einer selbständigen und freien Entwicklung hindern. Fritz Reuter hat diese traurige Periode des „tränenreichen Volkes“ der Deutschen literarisch in seinem Buch „Kein Hüsung“ gestaltet.

In den 15 Jahren vor 1867 verlassen 60 000 Mecklenburger ihre Heimat. Zu ihnen gehört der 19jährige Pastorensohn und kaufmännische Angestellte Heinrich Schliemann. Er ist überzeugt, daß er mit Ehrgeiz, Fleiß und Willensstärke seine etwaigen Nachteile – mangelnde Schulbildung und schwache Gesundheit – vollauf wettmachen kann. Eine Überzeugung, die er zeitlebens beibehält.

Am 28. November 1841 verläßt Schliemann mit der „Dorethea“ bei gutem Wind den Hamburger Hafen. Kanonen donnern ihm und allen Reisenden das Lebewohl der Heimat. Fast fluchtartig kehrt er Mecklenburg den Rücken und stürzt sich voller Hoffnung in unbekannte Abenteuer.

VERBUNDENHEIT MIT DER HEIMAT

I.
WIEDERSEHEN MIT MECKLENBURG 1846/1852

„Ich aber muß ... gestehen, daß ich mein Vaterland nur mit der größten Gleichgültigkeit wiedersah."

Mehr als 10 Jahre werden vergehen, ehe Heinrich Schliemann 1852 wieder Mecklenburger Boden betreten und seine Verwandten und Freunde wiedersehen wird.

Die „Dorothea", die ihn nach Südamerika bringen soll, gerät in der Höhe der Insel Helgoland in einen schweren Sturm. Manövrierunfähig erleidet die Brigg nördlich der holländischen Insel Texel Schiffbruch. Schliemann wird gerettet und entschließt sich, in Holland zu bleiben.

Krank, ohne Geld und der holländischen Sprache unkundig, schlägt er sich nach Amsterdam durch und wird in einem Armenkrankenhaus aufgenommen. Schnell genesend, weiß der strebsame Heinrich, der jetzt ganz allein auf sich gestellt ist, daß er sein Schicksal selbst in die Hand nehmen muß, um im Ausland bestehen zu können.

Er arbeitet in mehreren Amsterdamer Kontoren als Bürodiener, bis dann im März 1844 der deutsche Kaufmann B. H. Schröder auf den sprachbegabten jungen Heinrich Schliemann aufmerksam wird. Er stellt ihn in seiner Exportfirma als Fremdsprachen-Korrespondent ein. Seine Veranlagung als Kaufmann schnell erkennend, schickt ihn Schröder im Januar 1846 nach St. Petersburg, der Hauptstadt des zaristischen Reiches, um von ihm eine Handelsniederlassung gründen und leiten zu lassen. Zuvor hatte Schliemann, seine von ihm entwickelte Sprachlernmethode nutzend, innerhalb von sechs Wochen die russische Sprache erlernt.

Noch im selben Jahr, im Oktober 1846, begibt sich der erfolgreiche Schliemann von St. Petersburg aus im Auftrage seiner Firma auf eine erste Geschäftsreise nach Westeuropa. Er sucht die leitenden Männer der internationalen Firmengruppe Schröder & Co in Hamburg, Amsterdam und London sowie wichtige Geschäftspartner in Liverpool, Manchester und Le Havre auf.

Diese Reise führt Schliemann auf seiner ersten Etappe mit dem Schiff von St. Petersburg nach Lübeck. Er sieht die mecklenburgische Küste nach beinahe fünf Jahren der Abwesenheit wieder – und fährt an ihr vorbei. Seinem Reisetagebuch vertraut er in englischer Sprache an (deutsche Übersetzung – W. B.): *„Ungefähr zwei Uhr mittags verschwand der Nebel und wir konnten die Küste Mecklenburgs, die näher und näher kam, sehen. Das Wiedersehen mit seinem Vaterland nach so vielen Jahren der Trennung löst in jedermann Gefühle größter Freude aus. Ich aber muß zu meiner großen Schande gestehen, daß ich mein Vaterland nur mit der größten Gleichgültigkeit wiedersah.“*

Diese Reaktion Schliemanns hat psychologische Hintergründe. Seine Erinnerungen an die traumatischen Erlebnisse in den letzten Jahren seiner Kindheit belasten ihn noch so stark, daß er einem Wiedersehen mit seinem Vater, seinen Geschwistern und Freunden sowie den Orten des Erlebens noch aus dem Wege gehen möchte. Erst sechs Jahre später wird es zu einem Wiedersehen mit seiner mecklenburgischen Heimat, seiner Verwandtschaft und seinen Freunden kommen.

Mit 25 Jahren macht sich Heinrich Schliemann im Jahre 1847 in St. Petersburg selbständig, er eröffnet ein eigenes Handelshaus. Seine Geschäfte sind vom Glück begünstigt. Noch im gleichen Jahr läßt er sich in die Gilde der Großhändler eintragen.

Als Schliemann im Jahre 1850 erfährt, daß sein nach Kalifornien ausgewanderter jüngerer Bruder Ludwig verstorben ist, fährt er nach Amerika. Schliemann lernt das Land der unbegrenzten Möglichkeiten kennen, legt sein Kapital in Eisenbahnaktien an und eröffnet 1851 eine Goldgräberbank in Sacramento. Innerhalb eines halben Jahres verdoppelt er sein Vermögen durch Ankauf von Goldstaub und durch Immobiliengeschäfte.

Am 19. Mai 1852 verläßt Schliemann mit dem Dampfer „Europa“ Amerika wieder und hält sich zunächst einige Wochen in England und Frankreich auf. Von London reist er am 23. Juli mit dem Schiff „John Bull“ weiter nach Hamburg, von wo er einen kurzen Abstecher in seine alte Heimat macht. Über Schwerin reist er nach Rostock. Auf dem Bützower

Bahnhof trifft er sich mit zwei seiner Schwestern. Von hier begibt er sich über Wismar und Grevesmühlen nach Kalkhorst, um für ein paar Tage seinen Onkel Friedrich und Vetter Adolph zu besuchen. Über Boltenhagen, Wismar, Schwerin, Ludwigslust, Parchim, Lübz, Malchow, Waren und Möllenhagen geht die Reise weiter nach Ankershagen.

Nach mehr als 20 Jahren sieht Heinrich Schliemann Ende Juli 1852 seinen Heimatort (den er in seinen englisch geschriebenen Tagebuchaufzeichnungen als seinen Geburtsort bezeichnet!) wieder, wenn auch nur für Stunden.

Seine Eindrücke vom Wiedersehen nach so vielen Jahren schildert er in seinem Amerikareisetagebuch (1850–1852): *„Unmöglich kann ich den Eindruck beschreiben, den der Anblick all jener Plätze in mir erweckte, wo ich die glücklichen Jahre meiner frühen Kindheit verbracht hatte und wo jedes Haus, jeder Baum, jeder Stein und jeder Busch tausend schöne Erinnerungen an längst vergangene Jahre erweckte. Jeder Gegenstand muß dem Auge eines Kindes wohl in riesenhaften Verhältnissen erscheinen, denn der Kirchturm, der mir einst ungeheuer groß erschienen war und den ich immer für den größten der Welt gehalten hatte, der Lindenbaum inmitten des Obstgartens, der mir früher die Wolken zu berühren schien – nun erschien mir alles ganz klein, ausgenommen die Balsampappeln und die Kirschbäume vor der Tür, die inzwischen wohl sehr gewachsen sein mußten, denn sie kamen mir jetzt genau so hoch vor wie vor einundzwanzig Jahren. Ich fand meine Initialen H. S. auf den Fensterscheiben des Hauses, in dem wir* *gewohnt hatten, in den Bäumen des Gartens und im Hof, denn als Kind hatte ich die Gewohnheit, sie überall einzuschneiden; und in dem großen Lindenbaum, in dem ich mich mit einem Beil in zwei Fuß langen Initialen verewigt hatte, waren sie so frisch, als wären sie erst vor einem Monat eingeschnitten. An der Tür des Pavillons im Garten fand ich noch eine Inschrift, die mein Vater mit dem Bleistift angeschrieben hatte, am 7. Mai 1827.*

Der gegenwärtige Pastor Conradi erwies mir jede Gefälligkeit und begleitete mich zur Kirche und zum Grabe meiner Mutter, dessen Gitter sehr verfallen war. Nachdem ich ein paar Stunden meine Neugier so gut wie möglich befriedigt hatte, mietete ich vom Gastwirt einen Wagen und ein paar Pferde und fuhr nach Vipperow an der Müritz, um eine andere Schwester zu besuchen, die bei meinem Onkel Wachenhusen lebt. Ich kam dort abends um neun an und fuhr am nächsten Morgen um vier über Röbel, Waren (wo ich Bahlmann, einen alten Freund meines Vaters, besuchte), Teterow und Güstrow nach Rostock, und von dort fuhr ich am folgenden Morgen mit dem Dampfer ‚Erbgroßherzog Friedrich Franz' nach Kronstadt und St. Petersburg."

Am 4. August ist Schliemann wieder in seinem *„bezaubernden St. Petersburg"*. Der russische Staatsbürger Genrich Sliman heiratet am 24. Oktober 1852 Jekaterina Lyshina, Tochter einer einflußreichen Petersburger Kaufmanns- und Juristenfamilie. Er entwickelt sich in kürzester Zeit zu einem der erfolgreichsten Geschäftsmänner in Rußland.

II.
KONTAKTE ZU MECKLENBURGER VERWANDTEN UND FREUNDEN

„Aufrichtig gesagt, Geiz und Habsucht sind bei mir stärker als die Sehnsucht nach einem Landgute in Mecklenburg …“

Es sollen weitere 27 Jahre verstreichen, bis Heinrich Schliemann ein zweites Mal in seine Heimat zurückkehrt.

Während dieser langen Zeit weilen die Gedanken und Erinnerungen Schliemanns immer wieder in seiner mecklenburgischen Heimat. Das können wir vor allem seinen Briefen entnehmen, die er den Geschwistern, Freunden und Bekannten in Mecklenburg geschrieben bzw. von diesen erhalten hat. Diese Briefe, die Schliemann nicht wie seine autobiographischen Darstellungen und Reden für die Öffentlichkeit schrieb, bringen seine innersten Regungen und Gefühle unverfälscht zum Ausdruck. Sie können uns dabei helfen, eine Antwort auf die Frage zu finden, ob der Weltbürger Heinrich Schliemann, der 50 seiner 68 Lebensjahre im Ausland verbracht hat, in seinem Herzen ein Mecklenburger geblieben ist.

Schliemann war ein besessener Briefeschreiber, der fast täglich Briefe – oftmals mehr als zehn! – geschrieben hat. Viele Originalbriefe sind von den Erben der Empfänger vernichtet worden oder während des Zweiten Weltkrieges verloren gegangen. Für die Schliemannforschung ist es ein glücklicher Umstand, daß Schliemann seine Briefe in kaufmännischer Manier mit einem neuen, in England patentierten Verfahren, kopiert hat. 60–80 000 Briefe von und an Heinrich Schliemann, außerdem 18 Tagebücher über Schliemanns Reisen und Ausgrabungen in 12 Sprachen, seine russischen Geschäftsbücher, rund 150 Notizhefte, Urkunden, Auszeichnungen usw. werden heute in der Gennadios-Bibliothek in Athen, die zur Amerikanischen Schule für Klassische Studien gehört, aufbewahrt – eine Fundgrube für jeden Schliemannforscher. Schliemanns schriftlicher Nachlaß ist erst zu einem kleinen Teil veröffentlicht worden. Die besonders interessierende Korrespondenz mit Briefpartnern in Mecklenburg wurde für dieses Buch ausgewertet.

Mit seinem Vater korrespondiert Heinrich Schliemann trotz des sehr gestörten Verhältnisses bis zu dessen Tod im Jahre 1870. Er läßt ihn teilhaben an seinem beruflichen Werdegang, seinen Erfolgen und Reisen, und er berichtet stolz über seine beiden Frauen Jekaterina und Sophia, bevor er sie zu heiraten gedenkt.

Der Sohn unterstützt seinen Vater auch finanziell. Schon von Amsterdam aus, wo Schliemann sich nach dem Schiffbruch erst eine neue Existenz aufbauen muß und wo er spartanisch lebt, schickt er seine Ersparnisse an den Vater. Allerdings sind solche Geldsendungen mit entsprechenden, den

Vater erniedrigenden Auflagen verbunden. Dies zeigt folgendes Zitat aus einem Brief an den Vater aus dem Jahre 1855: *„Ich gebe mit heutiger Post Befehl, Dich für den Betrag von 500 preußischen Talern zu akkreditieren, welche Summe Du dazu verwenden willst, Dich so anständig ... einzurichten, wie es dem Vater von Heinrich Schliemann zukommt. In dem ich aber diese Summe zu Deiner Disposition stelle, muß ich die Bedingung machen, daß Du Dir fortan ... eine anständige Magd hältst, und daß vor allen Dingen Reinlichkeit fortan in Deinem Hause herrscht, daß Teller, Schüsseln, Tassen, Messer und Gabeln stets von Reinlichkeit glänzen, daß alle Dielen und Fußböden dreimal wöchentlich gescheuert und Speisen bei Dir gekocht werden, wie Leute Deines Standes sie essen.“* (Emil Ludwig, Schliemann – Geschichte eines Goldsuchers, 1932, S. 98 f.)

Und dann schreibt er dem Vater wieder Briefe voller Wärme und Dankbarkeit, drängt seine wahren Gefühle immer wieder zurück. Die ganze Skala menschlicher Empfindungen ist in diesen Briefen anzutreffen, sowohl beim Vater, als auch beim Sohn. Gebietet das die Ehrfurcht des Sohnes gegenüber dem Vater? Oder schlägt ihre Wesensverwandtschaft immer wieder verbindende Brücken?

Als Schliemann Ende 1868 das Manuskript seines zweiten Buches „Ithaka, der Peloponnes und Troja“ zum Druck bringt, teilt er dies seinem Vater stolz mit. Aus Paris schreibt er ihm am 9. Dezember: *„Die Vorrede habe ich dazu benutzt, meine Biografie zu geben und damit anzufangen, zu sagen, daß ich* *als ich 10 Jahre alt in Kalkhorst, auf schlechtem Latein, an Dich, Vater, die Geschichte des Trojanischen Krieges und die Abenteuer von Agamemnon und Ulysses als Weihnachtsgeschenk schickte, nicht daran dachte, daß ich nach 36 Jahren über denselben Gegenstand in Paris vor's Publikum treten würde. Ich habe überdies gesagt, daß Du an allem diesem Unheil schuld bist, weil Du mir als Kind immer von den homerischen Helden erzähltest und weil die ersten Eindrücke, die das Kind empfängt, das Leben hindurch dauern ...*"

Den Geschwistern gegenüber erweist sich Schliemann zeitlebens als ein treusorgender, wenn auch autoritär auftretender Bruder. Vielleicht ist es sein Bedürfnis der Wiedergutmachung für des Vaters Unrecht an der Mutter. Vielleicht entspricht das auch seinen Vorstellungen vom „amtierenden Familienoberhaupt" und seinem ausgeprägten Familiensinn.

Schon frühzeitig kümmert sich Heinrich Schliemann, wenn auch auf diktatorische Art, um den beruflichen Werdegang seiner jüngeren Brüder Paul und Ludwig, später auch um seinen Stiefbruder Wilhelm, genannt Ernst. So nimmt er seinen jüngsten Bruder Paul, der 1831 geboren wurde, zu sich nach St. Petersburg, nachdem sich Schliemann dort als Kaufmann etabliert hat. Er will ihm eine kaufmännische Ausbildung angedeihen lassen, worüber er auch den Vater unterrichtet: „*... er arbeitet den Tag über in meinem Comptoir, wo er die kleinen Arbeiten verrichtet, als deutsche, englische, französische und holländische sowie später auch russische*

Briefe in die Kopierbücher abschreiben, Frachtrechnungen ausschreiben usw.; – ich gebe ihm Kleidungsstücke, Wäsche, Bett, morgens und abends Tee und Butterbrot, um 3 Uhr nachmittags Mittag aus 4 Gerichten und Wein, ferner etwas Salaire, welches heranwächst, je nachdem Paul sich nützlich zeigt … Ich versichere Dich, daß ich als Vater und Bruder über Paul wachen will und derselbe niemals in Noth kommen soll.“ Paul entzieht sich bald des autoritären Einflusses seines älteren Bruders, geht in die Landwirtschaft und scheidet 1852 mit 21 Jahren aus dem Leben.

Seinem um ein Jahr jüngeren Bruder Ludwig vermittelt Schliemann Anfang des Jahres 1848 eine Stelle bei der Firma Schröder & Co. in Amsterdam, wo er selbst seine Ausbildung begonnen hatte. Aber bereits im Juni teilt Ludwig seinem Bruder Heinrich aus Amsterdam mit, daß er sich nach New York begeben werde. „Zürne nicht auf mich, wenn ich ganz gegen Deinen Willen handelte und mich statt nach dem teuren Heimatlande zu begeben, nach dem schönen Amerika, welches ich wenn irgend möglich nie wieder verlassen werde, gehe!“

Ludwig folgt dem Ruf des Goldes und wird Goldwäscher in Kalifornien. Mit seinem Gewinn macht er eine Speisewirtschaft auf. Er stirbt 1850 im Alter von 25 Jahren in Sacramento an Typhus. Heinrich ist vom plötzlichen Tod seines Bruders, dem er menschlich sehr nahe stand, sehr betroffen. Seinem Vetter Fritz Wachenhusen in Vipperow teilt er als erstem die Todesnachricht mit: *„Obgleich ich in meinem*

Leben viel viel erduldete und ausgestanden habe und mich im Unglücke leicht zu finden weiß, so beugt mich doch der plötzliche Tod des geliebten Bruders aufs Tiefste und kann ich Dir meinen Schmerz und meine Traurigkeit nicht beschreiben.“

Heinrich begibt sich nach Kalifornien, um sich um das Grab des Bruders zu kümmern und für die Schwestern dessen Nachlaß sicherzustellen.

Seinen Schwestern in Vipperow teilt er am 31. Januar 1852 aus Sacramento mit: „*Ludwigs Grab, welches unter der furchtbaren Sonnengluth u Dürre während der letzten 6 Monate einem Sandhaufen glich ist in Folge des kürzlichen Regens wieder mit Graß und Kraut bedeckt, von welchem letzteren ich Euch einliegend einige Pröbchen sende, die Ihr zum Andenken des lieben Bruders aufbewahren wollt.*“

Auch für das Fortkommen seines Stiefbruders Wilhelm, genannt Ernst (1841–1899), der jüngere der beiden Söhne aus der zweiten Ehe seines Vaters, setzt sich Schliemann mehrfach fördernd ein. Als sein Vater ihn aber 1856 wiederholt auffordert, ihn zu sich zur Ausbildung nach St. Petersburg zu holen, antwortet ihm Schliemann bestimmt: „*Noch einmal sage ich: Vater, lasse Ernst gründlich englisch und französisch lernen, so daß er beide Sprachen ganz fertig schreibt und spricht. Hier kann er es nicht lernen; er muß es verstehen, wenn er hier ankommt. Ferner muß ich darauf bestehen, daß er mir alle Woche einen englischen und französischen Brief schreibt. Das wird ihm zuerst sehr schwer wer-*

den, aber aus tausendfacher Erfahrung weiß ich, daß man nur da viel lernt, wo es schwer ist ..." (St. Petersburg, 13. Oktober 1856)

Allerdings verläuft der berufliche Werdegang seines lebenslustigen Halbbruders nicht nach Schliemanns Vorstellungen. Er wird Weinhändler in Bordeaux und Berlin, übernimmt sich geschäftlich und macht Schulden. Er bittet den reichen Heinrich mehrmals um Hilfe, dieser bleibt aber unnachgiebig und reagiert empfindlich: *„Vier Dinge sind es die man nie ausleihen muß, nämlich: ‚seine Frau, sein Pferd, sein Buch und sein Geld', denn unter 1000 Fällen ist kaum einer wo man einen von diesen 4 geliehenen Gegenständen zurückerhält ... Bleibe mir daher 1000 Meilen vom Halse mit Leihen einer jener 4 Sachen ..." (Athen, 4. November 1884)*

Wie sehr Heinrich bei seinem Stiefbruder – ebenso wie bei seinem Vater – mangelnden Willen und Ehrgeiz trotz guter Veranlagung vermißt, beklagt er in einem Brief an seine Schwester Wilhelmine: *„Einmal im Leben klopft Fortuna an jede Thür, einmal im Leben ruft sie jedem freundlich zu: „Komme!" Wohl dem, der dann des Glückes Hand ergreift u. nicht losläßt, und wehe wehe dem, der dann des Glückes Hand fahren läßt oder sie gar, wie Ernst und sein Vater es machten, Fortunas Hand in den Koth steckt, u. gar mit dem Fuße darauf trampt. Not und Elend ist eines solchen Menschen Los ..." (St. Petersburg, 16. Januar 1863)*

Während der Zeit der eigenen Kaufmannstätigkeit in Rußland unterhält Heinrich Schliemann auch zu mecklenburgischen Geschäftsleuten briefliche Kontakte.

Zu Anfang des Jahres 1853 nimmt ein intensiver Briefwechsel mit dem Getreidehändler und Gütermakler J. H. Bahlmann in Waren an der Müritz seinen Anfang. Er ist „ein alter Freund" seines Vaters, mit dem er länger als ein Jahrzehnt korrespondiert. Der Anstoß geht von Bahlmann aus, der sich Anfang 1853 ratsuchend an den erfolgreichen Exportkaufmann in St. Petersburg wendet, weil einer seiner Söhne nach Australien auswandern will, um dort kaufmännisch tätig zu werden. Schliemann bestärkt den jungen Mann in diesem Vorhaben und bittet Bahlmann bei dieser Gelegenheit, ihm *„von Zeit zu Zeit zu schreiben ... wie es in Mecklenburg aussieht"*. Er ist beunruhigt wegen des großen Ausmaßes der Auswanderungsbewegung und macht sich Gedanken über deren Auswirkungen auf die Grundstücks- und Kornpreise in der Landwirtschaft: *„Glauben Sie daß ich dabei verlieren würde, wenn ich ein Landgut in Mecklenb. kaufte? Und in welchem Theile von Mecklenburg dürfte es am gerathensten sein?"*, fragt er Bahlmann in einem Brief aus St. Petersburg am 22. April 1853. Der Vater Schliemanns drängt seinen Sohn zu dieser Zeit, sein angewachsenes Kapital sicher in mecklenburgischen Gütern anzulegen und aus dem risikoreichen Geschäft auszusteigen. Bahlmann rät Schliemann angesichts der ständig steigenden Preise vorerst davon ab, verweist auf kommende günstigere

Zeiten. Er bietet ihm seine beratende Hilfe an, die Schliemann gerne in Anspruch nimmt.

Inzwischen ist der Krimkrieg (1853–1856) ausgebrochen. Als Lieferant der zaristischen Armee macht der junge Schliemann Millionenumsätze. Mit Leidenschaft stürzt er sich in die Geschäfte und findet darin seine Erfüllung. Am 31. August 1854 teilt er Bahlmann in einem Brief von der Messe in Nischninowgorod mit: „*Unter diesen Umständen muß ich Ihnen recht herzlich dankbar sein für Ihre gütige Bereitwilligkeit, mir beim Ankaufe eines Landgutes in Mecklenburg behülflich zu sein; für's erste werde ich nun wohl nicht mehr daran denken, mich vom Geschäfte zurückzuziehen; denn, wenn ich auch diesen Sommer durch Unthätigkeit in Verzweiflung gebracht, wähnte, daß ich mich in ländlicher Einsamkeit glücklich fühlen würde, so sehe ich doch jetzt, wo ich wieder in m[einem] Elemente bin, daß ich nur im Gewühl des großen Geschäftes und fortwährender Aufregung das Leben erträglich finden kann.*"

Zum Ende des Krimkrieges befürchtet Schliemann Kapitalverluste, weil in Europa eine Wirtschaftskrise erkennbar ist. Er befaßt sich deshalb erneut mit dem Gedanken, sein Kapital in Ländereien sicher anzulegen und seine Geschäfte aufzugeben. In einem Brief vom 10. Januar 1855 an Bahlmann lesen wir: „*Aufrichtig gesagt, Geiz und Habsucht sind bei mir stärker als die Sehnsucht nach einem Landgute in Mecklenburg, und so lange der Krieg dauert, ist wohl keine Möglichkeit, mich vom Mammon loszureißen.*"

Heinrich Schliemann als Kaufmann in St. Petersburg

An seinen Vater schreibt Schliemann am 17. März 1856 – sicher auch mit einem gewissen Stolz – aus Petersburg: *„Ich gelte hier u in Moskau als der schlaueste, durchtriebenste u. fähigste Kaufmann ... Von Indigo bin ich hier der größte Importeur und erhielt im v. J. ⅓ des ganzen nach Rußland importirten Quantums ...“*

Doch nur wenige Monate später, am 11. Juni 1856, formuliert Heinrich Schliemann in einem Brief an seinen griechischen Briefpartner Rhodokanakis erstmals sein neues Lebensziel, nachdem er Zweifel bekommen hat, ob ihm das Leben eines Rentiers auf Dauer befriedigen kann: „*Um mein Vermögen von den Schwankungen der Konjunktur loszumachen, werde ich den Rest meines Lebens den Wissenschaften widmen, die ich sehr liebe …*“

Wie schwer es Schliemann aber fällt, seinen Entschluß in die Tat umzusetzen, sich vom Handel zu lösen und Fuß in der Wissenschaft zu fassen, zeigen Briefstellen der folgenden Jahre. Am Silvestertag des Jahres 1856 schreibt er an seine Tante Magdalena in Kalkhorst: „*Die furchtbare Passion für Sprachen, die mich Tag und Nacht quält und mir fortwährend predigt, mein Vermögen den Wechselfällen des Handels zu entziehen u. mich entweder ins ländliche Leben oder in eine Universitäts-Stadt wie z. B. Bonn zurückzuziehen, mich dort mit Gelehrten zu umgeben u. mich ganz und gar den Wissenschaften zu widmen, ist jetzt schon seit Jahren in blutigem Kampf mit meinen zwei anderen Leidenschaften: dem Geize und der Habsucht, u. leider im ungleichen Streite unterliegend, vergrößeren die beiden letzteren siegreichen Passionen täglich das Gewühl meiner Geschäfte.*“

Schliemann wird erstmals schmerzlich bewußt, daß ihm die „*Grundlage ganz und gar fehlt*“, eine wissenschaftliche Laufbahn einzuschlagen. „*Hätte mich nicht vor 24 Jahren mein unglückliches Schicksal Eurer Fürsorge entzogen, wäre ich … ans Gymnasium in Wismar und später auf die Universität gekommen, dann würde ich jene Grundlage haben, und ev. würde vielleicht etwas Tüchtiges aus mir geworden sein, denn an Anlagen fehlte es mir nicht, jetzt aber bleibe ich mein ganzes Leben lang in wissenschaftlicher Hinsicht nur ein Stümper*", bekennt er im gleichen Brief.

Zwei Jahre später, am 10. Mai 1858, vertraut er seinem ehemaligen Klassenkameraden, dem Kaufmann Wilhelm Lenz in Penzlin, an: „*Die Crisis aber hat mir den Handel zum Ekel gemacht und den festen Entschluss in mir hervorgerufen mich noch in diesem Jahre ganz und gar den Wechselfällen des Handels zu entziehen*".

Schliemanns Äußerungen in seinen Briefen bis 1858 machen deutlich, mit welcher Passion er Kaufmann um des Geldes willen war, und daß es rein materielle Gründe waren, die ihn schließlich veranlaßt haben, seine Geschäfte zu liquidieren. Sie zeigen aber auch, wie lange er sich über sein neues Lebensziel im unklaren war und daß das homerische Troja durchaus noch keine Rolle in seinen Überlegungen spielte. Von einer Motivation, all seine Aktivitäten dem höheren Ziel, Troja auszugraben, untergeordnet zu haben, ist während dieser Jahre nichts zu erkennen.

Zu seinen Schwestern hat Heinrich Schliemann ein enges herzliches Verhältnis. Elise, Dorothea und Louise haben sich in Mecklenburg seßhaft gemacht und mit Ausnahme von Elise

Eintragung Heinrich Schliemanns in das Poesiealbum seiner Schwester Dorothea vom 20. September 1848

auch hier verheiratet. Sie verkörpern für ihn nach dem Verlassen Mecklenburgs ein Stück der alten Heimat. Heinrich hält ständig brieflichen Kontakt zu ihnen.

Besonders innig ist seine Beziehung zu seiner vier Jahre älteren Lieblingsschwester Dorothea, von den Geschwistern Doris oder liebevoll Dütz genannt. Sie hatte nach dem frühen Ableben der geliebten Mutter bei den jüngeren Geschwistern Mutterstelle vertreten. Sie wohnt nach ihrer relativ späten Verheiratung im Jahre 1860 mit dem verwitweten Amtssekretär Johann Petrowski in Röbel, wo sie auch im Jahre 1912 im hohen Alter verstirbt. Heinrich versteht sich auch gut mit seinem Schwager, der sich für seine Ausgrabungen interessiert und den Schliemann mit „Bruder" anredet. Vor

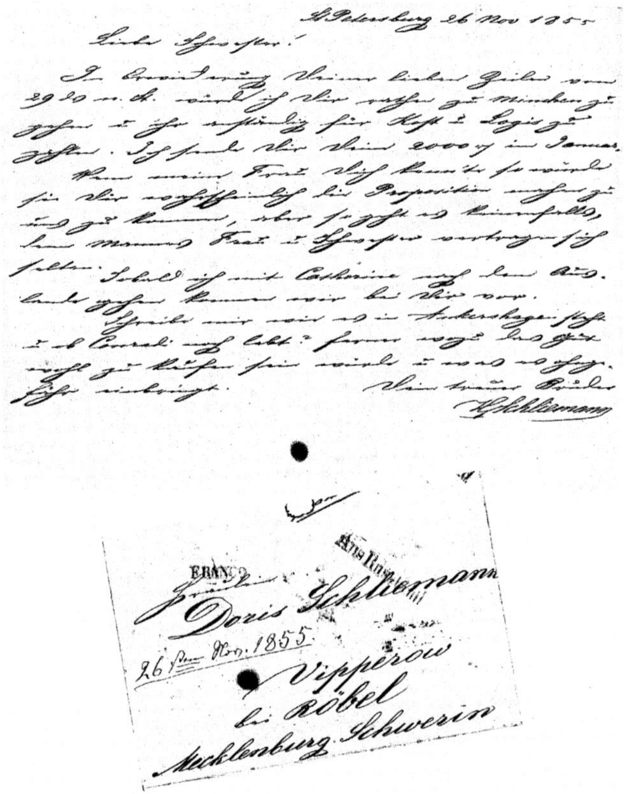
St. Petersburg 26 Nov 1855

Liebe Schwester!

FRANCO

Doris Schliemann

26 Nov. 1855

Vipperow

bei Röbel

Mecklenburg-Schwerin

Brief an Schwester Doris in Vipperow bei Röbel
vom 26. November 1855

Schliemanns Schwester Doris, 90jährig

der Verheiratung wohnt Doris gemeinsam mit ihrer jüngeren Schwester Louise bei dem Onkel Wachenhusen, einem Schwager ihrer Mutter, in Vipperow bei Röbel. Louise heiratet 1859 den Lehrer und Kantor Martin Pechel in Dargun. Schliemanns ältere Schwester Wilhelmine verzieht nach ihrer

Eheschließung im Jahre 1862 mit dem Gymnasialoberlehrer Wilhelm Kuhse nach Ostpreußen. Elise bleibt unverheiratet, wohnt lange Zeit beim Vater in Gehlsdorf und in den letzten Lebensjahren in Schwerin.

Schliemanns Schwestern berichten ihrem Bruder, wenn sie in späteren Jahren wieder einmal in Ankershagen oder Neubukow weilen, um das Elternhaus zu sehen, das Grab der Mutter zu besuchen und Kindheitserinnerungen aufzufrischen, ausführlich über ihre Erlebnisse und Eindrücke.

So schreibt ihm seine jüngste Schwester Louise am 5. November 1857 aus Röbel: „... Im Frühling war ich zum ersten Mal wieder in Ankershagen, um das Grab unserer guten Mutter zu besuchen. Mit welchen Gefühlen ich meinen Geburtsort wiedersah, kann ich Dir nicht sagen. Mit heißen Thränen suchte ich den Kirchhof auf und fand auch das Grab unserer so früh dahingeschiedenen Mutter, aber es sah so wüste aus, hohes Unkraut und vertrocknetes Gras waren nur auf dem Grabhügel zu sehen, und ich machte mich natürlich dabei, dies auszuwieten, und meine Arbeit sollte belohnt werden, denn tief am Grunde, ganz verdeckt von Unkraut, blüheten die schönsten Veilchen und sahen mich so freundlich an, als brächten sie mir Grüße von unserem Mutting und ein Zeichen ihrer Liebe! Einliegend sende ich Dir einige davon, sowie auch noch einige Epheublätter von dort, ich hoffe, es wird Dir lieb sein ...“

Die Briefe enthalten auch detaillierte Schilderungen des

damaligen Zustandes des Pfarrgrundstückes. Schwester Doris berichtet Schliemann in einem Brief vom 25. August 1863 ebenfalls aus Röbel: „... Ja, mein Heinrich, die Inschriften an den Fensterscheiben im Pfarrhaus und an der Gartenhaus Thür in Ankershagen interessirten auch uns sehr, so wie überhaupt nur das, was wir noch von früher in Haus und Garten fanden, Interesse für uns hatt! So wurde auch das alte Gartenhaus schon vom Klokower Wege aus mit lauter Freude begrüßt, ebenso der Eckstein am Wege, worauf wir so oft unser Butterbrod verzehrten, – auch der Rosenstrauch am Kirchenberg war noch da, die Ballsampappeln vor der Thür, die große Linde, der Hölltidsbirnbaum, wie wir ihn nannten, im Garten, der Gamsebirnbaum, der Krähenbirnbaum, der große Budsbirnbaum, der Graben mit den großen Blättern, der Wallnußbaum im hintersten Garten, die Äfkenbäume, und die Linde dort, auch sämtliche große Nußbäume, wo wir uns mit Häkeln und Beuteln beworfen, die Nüsse aber stets unreif abpflückten, standen noch am alten Platz, auch die Hagebuchenlaube, die Mutter gepflanzt. Sonst aber war auch vieles für unsere Erinnerung fast unkenntlich. Aber frisch wie gestern geschrieben fand mein Mann an der Gartenhaus-Thür von Deiner Hand geschrieben: Auf Matrosen usw., und darunter ‚Heinrich Schliemann, Matrose'. Auch die zehn Redetheile, die Vater uns vor gewiß einigen 30 Jahren zum Lernen dort angeschrieben, standen noch ebenso frisch dort ... Mutters Grab fanden wir ganz nett mit Blumen besäet und zurecht gemacht, und das schöne große gußeiserne Kreuz war eine Zierde für dasselbe ..."

Durch regelmäßige Geldüberweisungen sorgt Schliemann für ein gesichertes Dasein seiner Schwestern, vor allem in der Zeit, wo sie unverheiratet bei Verwandten in Vipperow oder bei dem Vater wohnen und dringend eine finanzielle Unterstützung benötigen. Schliemanns Ton in den Briefen ist oft rechthaberisch, aber seine Schwestern vergöttern ihn geradezu.

In einem Brief vom 10. November 1850 aus St. Petersburg ermahnt er die Schwestern: „... *Leget Euch das Geld in die Sparkasse und gehet sparsam damit um, immer denkend, daß früher oder später der „schwarze Tag" kommt, ein Wechsel von Glück zu Unglück, von Freud zu Leid sind schnell im menschlichen Leben; ich weiß nicht, ob ich morgen lebe, ich weiß nicht, was ich morgen habe; viel weniger bin ich im Stande zu sagen, ob nicht obige Kleinigkeit das Letzte ist, was Ihr von mir empfanget.*"

Die Schwestern sind voller Dankbarkeit. Doris schreibt ihm am 23. Januar 1856 aus Vipperow: „Gestern ward uns Dein theurer Brief nebst den Wechseln von 4 000 Rt! Heißer inniger Dank gegen Gott und Dich, mein guter Heinrich, bewegt mein Herz – denn was wären wir jetzt ohne Dich, heimathlos hätten wir unser Leben dienend unter fremden Menschen hinbringen müssen, Gott war aber so sichtlich mit dir und uns. Er segnete Dich so reich, so daß Du eine Stütze für die armen Deinigen wardst, aber Gott gab Dir auch dies edle liebevolle Herz gegen die Deinigen, und nicht wahr, mein Heinrich, es ist ein schönes beglückendes Gefühl, Deine Angehörigen sorgenfrei durch Deinen Fleiß und Deine Thätigkeit zu wissen! Worte können Dir, lieber Bruder, nicht meine innige Dankbarkeit ausdrücken, ich kann nur sagen, möge Gott es Dir lohnen und Dir stets Freude und Glück dafür schenken …"

In Athen umgibt sich Heinrich Schliemann in seinem Wohnhaus mit Erinnerungsgegenständen aus Ankershagen: *„… Meine Anhänglichkeit an Ankershagen ist so groß, daß ich herzlich von Herrn Praepositus Conradi seine, früher vom Fräulein von Schröder besessenen 5 Familienbilder gekauft habe, denen ich in meiner Bibliothek im Angesicht der Akropolis in Athen, den Ehrenplatz einräume." (Athen, am 19. April 1880)*

Bestandteil seiner umfangreichen Bibliothek sind auch die Werke Fritz Reuters.

Im Sommer 1885 sucht seine Schwester Elise ihren Geburtsort Neubukow auf, wo sie das Geburtshaus nicht mehr vorfindet. Das baufällige Pfarrhaus war vier Jahre zuvor abgerissen worden. Aus ihrer wehmütigen Schilderung an Heinrich wird deutlich, wie sehr die Geschwister an der früh verstorbenen Mutter gehangen haben. „… Mein ganzes Leben hindurch sehnte ich mich heiß nach meinem Geburts-Oertchen N-B. – und als ich endlich die Spitze des alten Thurmes erblickte – kam ein unsägliches Weh über mich; – ein ganzes Menschenleben lag fast dazwischen – als 6jähriges

Kind verließ ich's – und konnte daher nur mühsam manches wieder erkennen und überall Veränderungen! – Das alte theure Pfarrhaus fort, – o, hätte ich das doch wiedersehen können! – wo die vortreffliche Mutter so still, unermüdlich für uns sorgte, jede Stube und Kammer sind mir noch fest im Gedächtnisse geblieben; im ganz veränderten Garten – erkannt ich nur den Steig in der Mitte wieder, den Mutter, die unermüdliche, soviel betrat, um Gemüse und Blumen zu holen. Am Sedan-Fest läuteten die alten lieben Glocken noch eben wie einst, was mich innig bewegte, Nachm. fuhr ich ab ..." (Schwerin, den 27. September 1885)

Die Schwestern müssen ihrem Bruder in dieser Zeit auch Auskunft über Personen aus Ankershagen geben. So schreibt ihm Elise am 11. August 1886 aus Schwerin: „Mein innig geliebter Bruder! ... Deine Fragen kann ich Dir genau beantworten: Maurer Schwarz war mit seinem mächtigen Storchennest (das größte das ich je sah) schon vor uns in Ankers[hagen] mehrere Jahre. Peter Hüppert erst später; [er] wußte, bei seiner glatten Zunge, Lobpreisungen über seine Schneiderei – gleich festen Fuß zu fassen, alles weiß ich noch so genau ... Er war so glatt wie ein Aal, alles gelang ihm, verschwand jährlich auf mehrere Wochen mit seinem Schitter [Hundekarren], kam dann mit großen Ladungen Eiern, Würsten, Backobst, Zwiebeln usw. und Geld zurück, alle Dorfbewohner weit und breit, gerührt bei seinem entsetzlichen Anblick – gaben mit vollen Händen bei seinem Winseln ... ein wahrer Reineke Fuchs!"

Heinrich Schliemann hat später oftmals zeitliche Probleme, die zahlreiche und ausführliche Post seiner Schwestern, die ihm auch gerne ihr Herz ausschütten, zu beantworten. So schreibt er z. B. am 9. Juni 1855 an Doris aus St. Petersburg: „*Eure Briefe sind immer sehr willkommen, nur kann ich nicht so ausführlich darauf antworten, wie ich es wünschte, denn wenn ich manchmal eine Minute Zeit habe, dann läßt mir die Sprachenliebe keine Ruhe, die leider zur Leidenschaft bei mir ausgeartet ist.*“

Deckengemälde in Schliemanns Wohnhaus in Athen mit kindlicher Darstellung Minna Meinckes

III.
SCHLIEMANNS „LIEBE MINNA" – EINE BLEIBENDE INNIGE VERBUNDENHEIT

„... und alle deutschen Frauen mögten auf ähnliche Weise unsterblich gemacht werden."

Der Leser wird sich noch an Schliemanns Jugendliebe in Ankershagen, Minna Meincke, erinnern. Heinrich und Minna wollten später heiraten und gemeinsam die Schätze in

Ankershagen und Troja ausgraben. Ihre Wege hatten sich nach gemeinsamen Schul- und Kinderjahren aber getrennt.

Doch ihr Wunsch geht nicht in Erfüllung. Zu lange Zeit läßt Schliemann Minna auf sein Heiratsangebot warten. Minna ist bereits 25 Jahre alt, beinahe schon eine „alte Jungfer", als sie von ihrer Familie zur Heirat gedrängt – dem 18 Jahre älteren Gutspächter Friedrich Richers von Hartwigshof, in Peckatel (zwischen Penzlin und Neustrelitz) das Ja-Wort gibt. Die Familienchronik berichtet, daß sie mehrere andere Bewerber ausgeschlagen haben soll, weil sie an Heinrichs Wort geglaubt habe. Wie dem auch gewesen sein mag, als Schliemann zur Jahreswende 1847/48 aus Petersburg durch seinen früheren Pensionsvater Laue aus Neustrelitz um Minnas Hand anhalten läßt, ist sie bereits einige Wochen verheiratet. Wie unglücklich Schliemann über den gescheiterten Heiratsantrag gewesen ist, schildert er am 11. August 1861 in einem Brief aus Petersburg an Lenz. Bezugnehmend auf die damalige Verheiratung Minnas mit Richers schreibt er: „*...wär dies nicht geschehen, dann wäre sie jetzt seit 13½ Jahren Madame Schliemann u. seit 3 Jahren Commercienräthin und russische Ehrenbürgerin.*" Er erbittet sich von Minna „*eine Photographie, das Bild des Gegenstandes meiner ersten Liebe*", die er in einem Goldrahmen über seinem Schreibtisch im Büro aufhängen möchte.

Immerhin vergehen weitere 14 Jahre (!), ehe er sich in einem Brief an Wilhelm Rust vom 13. März 1875 bei seinem Jugendfreund nach Minnas Adresse erkundigt.

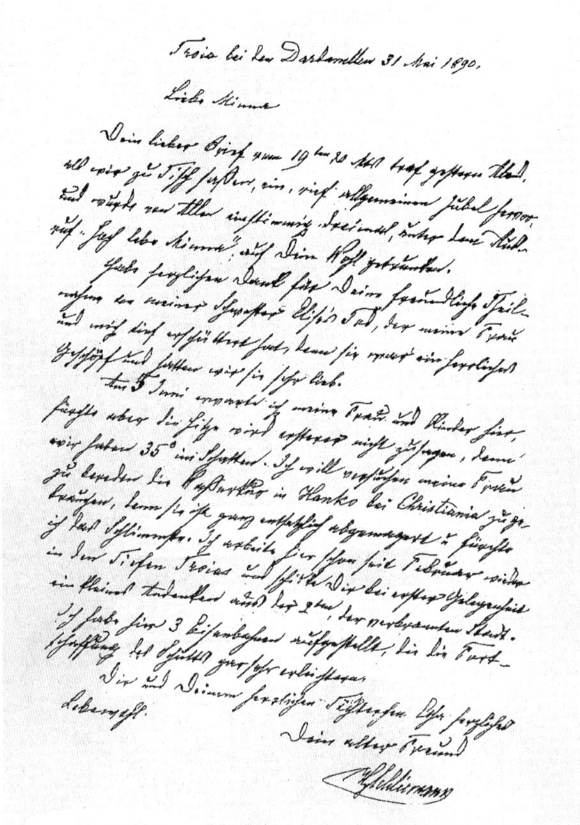
Troja bei den Dardanellen 31 Mai 1890.

Liebe Minna

Dein lieber Brief vom 19ten 20 Mai traf gestern Abend, als wir zu Tisch saßen, ein, rief allgemeinen Jubel hervor, und wurde von Allen einstimmig dreimal, unter dem Ausruf: „hoch liebe Minna“! auf Dein Wohl getrunken.

Habe herzlichen Dank für Deine freundliche Theilnahme an meiner Schwester Elise's Tod, der meine Frau und mich sehr erschüttert hat, denn sie war ein herrliches Geschöpf und hatten wir sie sehr lieb.

Am 5 Juni erwarte ich meine Frau und Kinder hier, fürchte aber die Hitze wird ersterer nicht zusagen, denn wir haben 35° im Schatten. Ich will versuchen meine Frau zu bereden die Wasserkur in Hanko bei Christiania zu gebrauchen, denn sie ist ganz entsetzlich abgemagert und fürchte ich das Schlimmste. Ich arbeite hier schon seit Februar wieder in den Tiefen Trojas und schicke Dir bei erster Gelegenheit ein kleines Andenken aus der 2ten, der verbrannten Stadt. Ich habe hier 3 Eisenbahnen aufgestellt, die die Fortschaffung des Schuttes gar sehr erleichtern.

Dir und Deinem herzigen Töchterchen sehr herzlichst Lebewohl.

Dein alter Freund

H. Schliemann

Brief Heinrich Schliemanns aus Troja an Minna Richers vom 31. Mai 1890

Heinrich Schliemann, um 1850

Minna Richers, um 1850

Minna Richers, 1889

Friedrich Richers

Er erfährt: „Frau Rentier Richers in Friedland". Am 31. Juli 1878 bittet er Rust: *„Wenn Du Gelegenheit hast, so grüße Minna Meincke oder Richers in Friedland, denn sie war meine erste Liebe."* Wiederum einige Jahre später gelingt es Schliemann, durch Vermittlung von Minnas Schwester Luise, die in Neubrandenburg verheiratet ist, mit Minna einen brieflichen Kontakt aufzunehmen. Er endet erst mit Schliemanns Tod, wird aber noch danach von Sophia Schliemann und deren Kindern mit Minna Richers und deren Familie fortgesetzt. Die Briefe werden in einem vertrauten Ton mit einem *„Du"* in der Anrede geführt. Schliemann beginnt seine Briefe meist mit *„Liebe Minna"*, Minna mit „Lieber Heinrich".

Heinrich tauscht mit Minna seine Bilder und die seiner Familie aus. Kurz vor Weihnachten 1879 übersendet Schliemann Minna sein Erstlingswerk „La Chine et le Japon" mit einer persönlichen Widmung. Ein Jahr später erhält Minna vom F.A.Brockhaus-Verlag in Leipzig Schliemanns großes Werk „Ilios". In einem Brief, der kurze Zeit später folgt, liest Minna mit einiger Überraschung: *„Mein Ilios wirst Du erhalten haben. Solltest Du finden, daß ich unsere Freundschaft vor 50 Jahren übertrieben habe, so mußt Du es nicht übelnehmen und lediglich meiner alten Anhänglichkeit zuschreiben. Wie sich die Umstände gestaltet haben, können Dir ja alle meine Ausführungen nur zur allerhöchsten Ehre gereichen und alle deutschen Frauen mögten auf ähnliche Weise unsterblich gemacht werden ... Dein alter Freund Hy Schliemann"*

Schliemann bringt Minna Richers durch diese „übertriebene" Darstellung ihrer damaligen Beziehungen, die in einer Wiedersehensszene Karfreitag 1836 auf einer Tanzgesellschaft in Neustrelitz gipfelte, in große Verlegenheit und versetzt ihre Familie in Aufregung, die sich aber schnell wieder legt. Schliemann wünscht sich ein baldiges Wiedersehen mit Minna, lädt sie auf seine Kosten nach Athen und sogar Troja ein. Im Hochgefühl seiner Stimmung vergleicht er Minna mit Cleopatra und sich mit Julius Cäsar. Minna vermittelt den Kontakt zu Professor Dühr, einem Gymnasialprofessor ihres Heimatortes Friedland, der mit Schliemann Briefe in altgriechischer Sprache wechselt.

In seinem Wohnpalast „Iliou Melathron“ in Athen läßt Schliemann seine Jugendliebe Minna Meincke als blondes Mädchen in einem Deckengemälde des Ballsaales verewigen – wie auch seine Frau Sophia in Gestalt weiblicher Eroten.

Ein Jahr nach dem Tode Friedrich Richers' kommt es Anfang Juli 1883 zu einem Wiedersehen der beiden Jugendfreunde in Ankershagen aus Anlaß eines längeren Aufenthaltes Schliemanns. In der Zeit danach läßt Schliemann jährlich 300 Mark an Minna Richers überweisen – bei ihr kein Notgeld, sondern ein Freundschaftsbeweis. Mit dem Geld unternimmt sie eine Reise nach Rügen und Heringsdorf. 62jährig will sie die Schliemann-Ausstellung in Berlin besichtigen, „wenn die Eisenbahn von Friedland nach Neubrandenburg fertig ist“. Anfang Januar 1891 erhält Minna Richers von Schliemanns Frau Sophia die Todesanzeige vom plötzlichen Ableben des Freundes zugesandt. Heinrich Schliemann bedenkt sie in seinem Testament mit der bedeutenden Geldsumme von 5 000 Franken.

Wilhelmine Richers, genannt Minna, verstirbt am 15. 5. 1910 fast 90jährig in Friedland.

Etwa 10 Originalbriefe von Schliemann an Minna sind erhalten geblieben. Sie befinden sich heute im Besitz von Wieland Bahlcke, einem Urenkel Minna Meinckes.

IV.

HEINRICH SCHLIEMANN UND WILHELM RUST – EINE LEBENSLANGE FREUNDSCHAFT

„Mein lieber guter alter Freund …“

Neben seinen Schwestern in Mecklenburg und Minna Richers ist ihm sein ehemaliger Schulfreund und Klassenkamerad auf der Neustrelitzer Realschule Wilhelm Rust der wichtigste Briefpartner. Nach der Schulzeit hatten sich ihre Wege getrennt. Schliemann nahm die Kaufmannslehre in Fürstenberg, Rust in Neuruppin auf. Beide machten sich als Kaufleute selbständig, der eine eröffnet in St. Petersburg ein Exportgeschäft, der andere in Neustrelitz eine Manufactur- und Modewarenhandlung. Wilhelm Rust gründete in den 60er Jahren die erste Bank in Neustrelitz sowie Heinrich Schliemann die erste Goldgräberbank in Kalifornien.

Wilhelm Rust ist der angesehendste und reichste Geschäftsmann in der Residenzstadt Neustrelitz, der mit Ehrenämtern überhäuft wird und der sich für kulturelle und soziale Vorhaben seiner Stadt und des Landes einsetzt. Der liberal denkende und handelnde Rust errichtet eine eigene Stiftung für bedürftige Frauen und alte Bürger. Wenn es gilt, in Not geratenen Bürgern zu helfen, dann führt er immer die Spendenlisten der Stadt an. Rust ist Geschworener beim höchsten Gericht beider Großherzogtümer. 1870 verleiht ihm der Großherzog den Titel Kommerzienrat, später sogar den selten verliehenen Titel Geheimer Kommerzienrat.

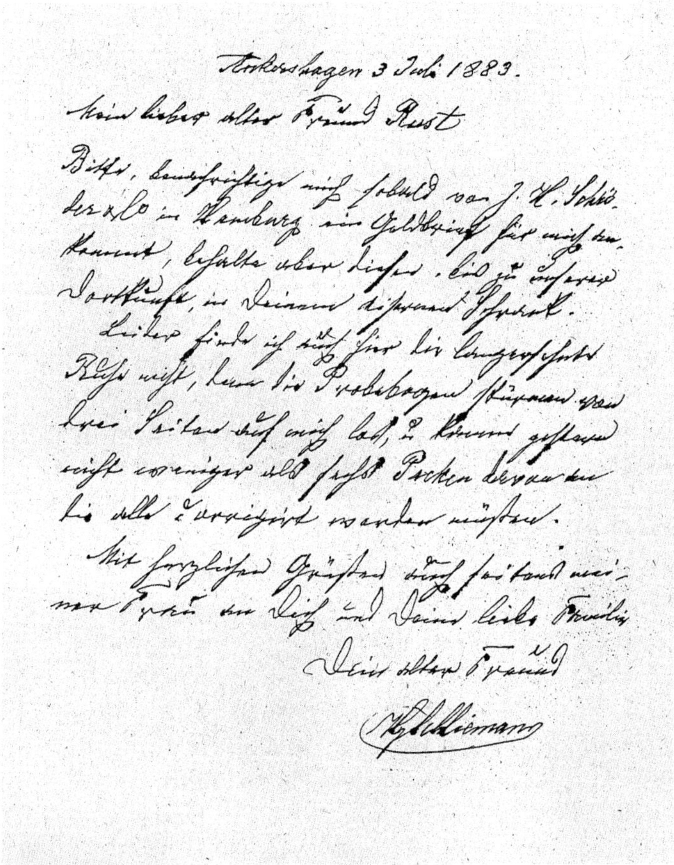

Ankershagen 3 Juli 1883.

Mein lieber alter Freund Rust

Bitte, benachrichtige mich sobald von J. H. Schrö-
der & Co in Hamburg ein Geldbrief für mich an-
kommt, behalte aber diesen, bis zu unserer
Dortkunft, in Deinem eisernen Schrank.

Leider finde ich auch hier die langersehnte
Ruhe nicht, denn die Probebogen stürmen von
drei Seiten auf mich los, u. kamen gestern
nicht weniger als sechs Packen davon an
die alle corrigirt werden mussten.

Mit herzlichen Grüßen auch seitens mei-
ner Frau an Dich und Deine liebe Familie

Dein alter Freund

H. Schliemann

Brief Schliemanns aus Ankershagen an Wilhelm Rust vom 3. Juli 1883

Beide Freunde, die viel Gemeinsames besitzen, die sich aber durch die Auswanderung Schliemanns aus den Augen verloren haben, bringen es mit Fleiß und Energie im Leben zu Erfolg und Anerkennung. Diese Gemeinsamkeit läßt zwischen beiden eine feste und dauerhafte Freundschaft entstehen.

Heinrich Schliemann erfaßt, je länger er von seiner Heimat getrennt ist und je mehr er sich auf seinen Weltreisen von ihr entfernt, zunehmend eine Sehnsucht nach Mecklenburg, nach seinen Jugendfreunden.

Schliemann schreibt aus Paris am 16. Dezember 1868 seinen ersten Brief an Rust, nachdem sie sich runde dreißig Jahre nicht mehr gesehen haben. Anlaß dafür ist ein Brief, den Schliemann von einer seiner vielen Auslandsreisen an seine Pensionsmutter Laue in Neustrelitz geschrieben hatte. Natürlich war er in deren Bekanntenkreis herumgereicht worden. Im Antwortschreiben lassen Wilhelm Rust, Ernst Meincke und einige Lehrer grüßen. Schliemann mag das Bedürfnis verspürt haben, wieder den Kontakt mit seinem früheren Schulfreund Wilhelm aufzunehmen.

Aus dieser ersten Kontaktaufnahme entwickelt sich ein lebhafter Briefwechsel. Es sind keine Briefe mit förmlichen Mitteilungen, wie wir sie von Schliemann sonst kennen, sondern es sind vertrauensvolle herzliche Briefe zwischen echten Freunden, die viele menschliche Regungen und Gefühle Schliemanns offenbaren.

Mit „*Mein lieber, guter, alter Freund*“ redet er ihn an und duzt ihn brüderlich – eine Auszeichnung, der sich außerhalb seiner Familie, Minna Richers und deren Schwester Luise nur Wilhelm Rust rühmen kann.

Respektvoll erkennt der selbstbewußte, aber auch sehr egoistische Schliemann die beruflichen Erfolge seines Schulgefährten an, was er in einem Brief im Jahre 1882 so zum Ausdruck bringt: „*Du hast eine herrliche Karriere gemacht, so, daß [ich], wenn ich nicht Heinrich Schliemann wäre, Wilhelm Rust sein möchte.*" Rust wird sich durch dieses Kompliment seines berühmten Freundes sehr geehrt gefühlt haben.

Der Briefwechsel zwischen Schliemann und Rust bleibt von nun an bis zu Schliemanns Tod bestehen. Durch Rust hält Heinrich Schliemann die Verbindung zu seiner früheren mecklenburgischen Heimat aufrecht, besonders zu den Orten seiner Kindheit – Ankershagen, Penzlin, Neustrelitz, Fürstenberg und Neubrandenburg – und zu seinen Klassenkameraden, Mitlehrlingen, Jugendgefährten und ehemaligen Lehrern.

Schliemann erkundigt sich bei Rust nach gemeinsamen Bekannten aus der Neustrelitzer Schulzeit. Er fragt an, ob Carl Andreß, sein ehemaliger Hauslehrer aus der Kalkhorster Zeit, lebt und gesund ist.

Der Hofbibliothekar Carl Andreß aus Neustrelitz hatte Heinrich Schliemann im März 1866 „eine kleine Erzählung über den Ritter Henning von Ankershagen, die Sie interessieren dürfte", geschickt. Sie war der Sagensammlung Mecklenburgische Volkssagen von M. A. Niederhöffer entnommen, dessen erster Band 1858 erschienen war. Heinrich Schliemann verwendete sie später in seiner Autobiographie.

Und weiter schreibt er in diesem ersten Brief: *„Unsern alten Freunden, Lenz, Meincke, Mme Laue usw. meine herzlichsten Grüße. Frage Lenz, ob er sich noch des besoffenen Müllergesellen erinnert, der um 1837 im Laden in Fürstenberg hundert Verse auf Griechisch aus dem Homer deklamierte?"*

Ab Mitte der siebziger Jahre häufen sich in Schliemanns Briefen an Rust Bemerkungen und Anfragen über Personen und Ereignisse aus der Jugendzeit. Schliemann arbeitet an einer ausführlichen Selbstbiographie für sein neues Buch „Ilios". In ihm wächst der Wunsch, sich intensiver mit seiner Kindheit in Mecklenburg zu beschäftigen. Im März 1875 schreibt er an Rust: *„Zwei Menschen möchte ich ungeheuer gerne noch wiedersehen, nämlich Ernst Meinckes Schwester Minna und Wilhelm Lenz. Außerordentlich würdest Du mich verbinden, könntes Du mir ihre Adressen verschaffen."*

An Wilhelm Lenz, der mit Heinrich Schliemann in Fürstenberg die Kaufmannslehre absolviert hatte, schreibt er am 10. Mai 1858 in einem Brief aus Petersburg: *„Lieber Freund! 20 Jahre gehören der Vergangenheit seitdem ich das Vergnügen Sie zu sehen, entbehren mußte; inzwischen hörte ich von Zeit zu Zeit, daß es Ihnen wohl ginge. Letzteres konnte übrigens nicht fehlen, denn mit Ihrer eisernen Energie u seltenen Fähigkeiten mußten Sie überall gut fortkommen. Oft habe ich bedauert Sie mit so herrlichen Naturgaben ausgerüstet in einem kleinen Orte wie Penzlin ansässig zu wissen, wo Ihnen keine Gelegenheit geboten wird Ihren Capacitäten eine weitere Entwicklung zu geben …"*

Wilhelm Rust
(1820–1910)

In einem späteren Brief, im Dezember 1876 in Athen geschrieben, teilt er Rust mit: „*An Lenz meinen herzlichen Gruß; er ist höchst fähig und würde bei besserer Schule ein großer Gelehrter geworden sein, aber da er nicht nacharbeitete, so sind seine Anlagen verkümmert.*“

Lenz wurde selbständiger Kaufmann in Penzlin, danach lebte er als Rentier in Dresden, wo ihn offenbar Schliemann auch besuchte.

Über Ernst Meincke, den Bruder seiner Jugendliebe Minna und sein Pensionsgefährte während der Neustrelitzer Schulzeit, fällt seine Meinung weniger günstig aus: „*Meincke ist nie mein Freund gewesen. Hat ein Spottgedicht auf mich und meinen Vater gemacht.*“ Diese Kränkung wird er ihm nie vergessen.

Ernst Meincke war von 1846 bis 1855 Besitzer des Gutes Rockow und Eickhof im Ritterschaftlichen Amt Stavenhagen. Er verkaufte 1855 die beiden Güter und zog dann mit seiner Familie nach Neustrelitz, wo er als Rentier lebte. 1877 verlor er sein Vermögen. Meincke wendet sich mehrmals hilfesuchend an Schliemann, der ihm auch regelmäßig über Rust Geld zukommen läßt. Schliemann wußte sicher nicht, daß Ernst Meincke trotz der vorgegebenen finanziellen Probleme des öfteren mit seiner Familie zum Kuraufenthalt in Warnemünde weilte. Und dies immer dann, wenn Schliemanns Schwestern oder Schliemann selbst dort nicht anwesend waren. Als einzigen seiner Bekannten aus der Neustrelitzer und Fürstenberger Zeit, Minna Richers ausgenommen, bedenkt er Ernst Meincke in seinem Testament mit einer Geldsumme.

Wilhelm Rust ist unermüdlich darum bemüht, seinem Freunde nützlich zu sein, seine Autorität und einflußreiche Stellung in der Stadt zu nutzen, um Zeitungsmeldungen über Schliemanns sensationelle Grabungserfolge oder geplante Reisen nach Mecklenburg in der örtlichen „Neustrelitzer Zeitung“ veröffentlichen zu lassen. In keiner anderen deutschen Zeitung sind zu Lebzeiten Schliemanns so viele Artikel und Nachrichten über ihn erschienen. Im Jahrgang 1884 sind es mehrere längere Beiträge aus der neugriechischen Zeitschrift „Hestia“ in deutscher Übersetzung, die Schliemanns Handschrift tragen, u.a. der Beitrag „Schliemann in seiner Häuslichkeit“. Und Schliemann nimmt diesen Freundschaftsdienst seines Freundes gerne in Anspruch.

Schliemanns enge menschliche Beziehung zu Wilhelm Rust vertieft sich noch, als er ihn im Sommer 1879 in Neustrelitz besucht: *„Ich sage Dir, Deinem lieben Sohne und Deinem ganz ausgezeichneten Schwiegersohn meinen herzinnigsten Dank für alle meiner Frau und mir während unseres Aufenthaltes in Strelitz erwiesene Liebe u. Freundschaft.“ (London, 22. August 1879)*

Die Sympathie Schliemanns überträgt sich auch auf die Stadt Neustrelitz. So schreibt er in einem Brief vom 9. Oktober 1879 aus Paris an Rust: *„In Strelitz hat man uns Lotos zu essen gegeben und zieht es uns daher gewaltig wieder dahin.“* Schliemann spielt dabei auf die Abenteuer des Odysseus bei den Lotophagen an.

In Schliemann werden sehnsuchtsvolle Jugenderinnerungen an die Stadt geweckt, in der er seine Schulzeit verbracht hatte. Aus Athen bekennt er am 20. November 1888 in einem Brief an Rust: „*Du schreibst vom kalten Wetter bei Euch. Vielleicht ist gar schon der Zierker See mit Eis bedeckt. Wie gerne käme ich auf einen Monat nach dort, um Schlittschuh zu laufen.*"

Schliemann sorgt sich auch um die Gesundheit seines Freundes. Als er bei einem Treffen mit ihm in Paris erfährt, daß Rust gesundheitliche Probleme hat, die bereits seine Manneskraft beeinträchtigen, rät er ihm in einem Brief am 31. Juli 1878 dringend: „*[Ich] erfülle hiermit eine heilige Pflicht, Dich zu ermahnen, täglich wenigstens drei Stunden zu reiten, denn das Fahren nützt Dir nichts, und das Gehen ist Dir langweilig und beschwerlich. Folgst Du meinem Rat nicht, dann finde ich Dich nicht mehr unter den Lebenden, wenn ich nach Strelitz komme, denn daß Du, wie Du sagst, schon den Trieb zur Befruchtung verloren hast, ist in unserem Alter etwas Unerhörtes, es ist Folge Deines vielen Sitzens …*"

Als Schliemann in einem Brief die zittrige Schrift des 62jährigen Rust auffällt, schreibt er ihm: „*Das Zittern in den Händen habe ich elf Jahre lang gehabt. Plötzlich entdeckte ich, daß ich einen Bandwurm hatte. Sofort vertrieb ich diesen, und verlor sich danach auch das Händezittern vollends. Sieh doch mal nach, ob Du nicht auch einen Bandwurm hast?*" *(Troja, 17. Juni 1882)* In Wahrheit ist eine zittrige Handschrift bei Schliemann immer dann zu bemerken, wenn er sich längere Zeit übermäßig geistig angestrengt hatte.

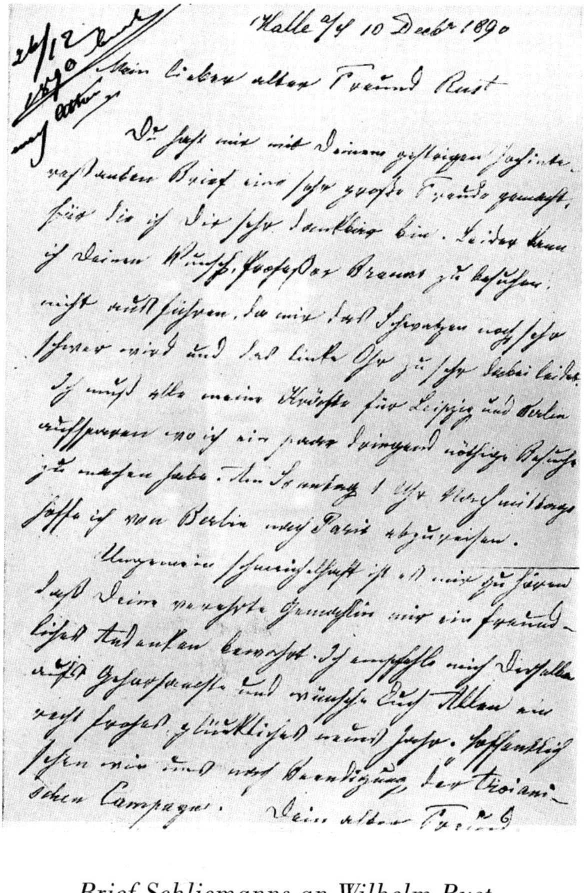

Halle a/S 10 Decbr 1890

Mein lieber alter Freund Rust

Du hast mir mit Deinem gestrigen hochinteressanten Brief eine sehr grosse Freude gemacht, für die ich Dir sehr dankbar bin. Leider kann ich Deinen Wunsch, Professor Braune zu besuchen, nicht ausführen, da mir das Schwatzen noch sehr schwer wird und das linke Ohr zu sehr dabei leidet. Ich muss alle meine Kräfte für Leipzig und Berlin aufsparen wo ich ein paar dringend nöthige Besuche zu machen habe. Am Sonntag 1 Uhr Nachmittags hoffe ich von Berlin nach Paris abzureisen.

Ungemein schmeichelhaft ist es mir zu hören dass Deine verehrte Gemahlin mir ein freundliches Andenken bewahrt. Ich empfehle mich derselben aufs Gehorsamste und wünsche Euch Allen ein recht frohes glückliches neues Jahr. Hoffentlich sehen wir uns noch nach Beendigung der troianischen Campagne.

Dein alter Freund

Brief Schliemanns an Wilhelm Rust, geschrieben aus Halle/Saale kurz vor dem Tode

Den letzten Brief schreibt Schliemann seinem Freund nach seiner Ohrenoperation aus dem Krankenhaus in Halle. Der Brief trägt das Datum 10. Dezember 1890. Schliemann spricht über seine neuen Arbeitspläne und ist voller Optimismus. Auf den Rand dieses letzten Briefes vermerkt Wilhelm Rust: „26/12. 1890 beantw. nach Athen". An diesem Tag stirbt Heinrich Schliemann. Der Brief seines Freundes erreicht ihn nicht mehr.

Wilhelm Rust hütet die Briefe Schliemanns wie einen Schatz, Zeugnisse einer beinahe sechs Jahrzehnte währenden Freundschaft. Er ergänzt sie durch Zeitungsausschnitte, Photographien, die ihm Schliemann zusandte.

Wilhelm Rust stirbt zwanzig Jahre nach Schliemann, am 6. Februar 1910.

Ein Sohn Wilhelm Rusts übergab die 67 Schliemannbriefe 1956 auf Veranlassung des Heimatforschers und Konservators des Neustrelitzer Museums, Walter Karbe, an das Mecklenburg-Strelitzer Landesarchiv. Heute werden sie im Mecklenburgischen Landeshauptarchiv in Schwerin aufbewahrt.

V.
SCHLIEMANN UND SEINE UNTERSTÜTZUNG FÜR MECKLENBURGER

„Auch ich sorge für arme Mecklenburger … und stirbt einer davon, so sind schon immer wieder neue Kandidaten, die ihre Stelle einnehmen."

An Wilhelm Rust läßt Schliemann auch Geldmittel überweisen, die dieser in seinem Auftrage an bedürftige und in Not geratene Freunde und Bekannte in Mecklenburg verteilen mußte.

„Auch ich sorge für arme Mecklenburger und habe seit zwanzig Jahren keinen Pfennig Zinsen gesehen von 50 000 Dollars siebenprozentiger amerikanischer Hypotheken, die bei Schröder in Hamburg liegen, denn der Ertrag derselben erfreut so viele Mecklenburger, und stirbt einer davon, so sind schon immer wieder neue Kandidaten, die ihre Stelle einnehmen." Dies erfährt Rust von Schliemann in einem Brief am 18. Februar 1883 aus Athen.

Regelmäßige Geldzuwendungen gehen u. a. an Minna Richers, Ernst Meincke und Carl Andreß.

Minna Richers bedankt sich bei Schliemann in einem Brief aus Friedland vom 27. April 1886: „Grade am heiligen Abend vor Ostern traf ein großartiges Osterei (in Gestalt von 150 M) bei uns ein – Wer hat wohl solch ein's aufzuweisen, wer auch einen Freund der solches schenken kann? Du magst in Athen, Cuba, Paris oder im deutschen Vaterlande sein, immer gedenkst Du unser und zwar mit vollen Händen."

Es sind nicht nur „arme Leute", denen Schliemann Geld zukommen läßt. Er möchte auch ihm nahestehenden Personen eine Freude bereiten, Minna Richers und Friederike Ahlers sind Beispiele dafür.

Schliemann gibt dem Bankier Rust präzise Anweisungen, wie mit dem Geld zu verfahren ist, in der Gewißheit, daß von diesem alles prompt erledigt wird. Aus Athen teilt er Rust Ende November 1882 mit: *„Mein alter Freund, Baron von Schröder [Chef des Bankhauses Schröder & Co. in Hamburg – W. B.] ist schon neunundneunzig Jahre alt und ich möchte ihn nicht gerne mit zu vielen kleinen Geldsendungen belästigen. Ich schreibe ihm daher, das, was in Deiner Umgebung zu verteilen ist, nämlich 1 000 Mark, an Dich zu senden. Bitte gib davon*
300 Mark an Ernst Meincke
300 Mark an seine Schwester, meine einstige Braut, Minna Richers in Friedland
200 Mark Frau Bürgermeisterin Friederike Ahlers in Neubrandenburg
100 Mark Seiner Gelehrsamkeit, dem kaiserlichen Oberhofprofessor Karl Andreß in Neustrelitz

900 Mark

Für die restierenden 100 Mark finde ich später schon

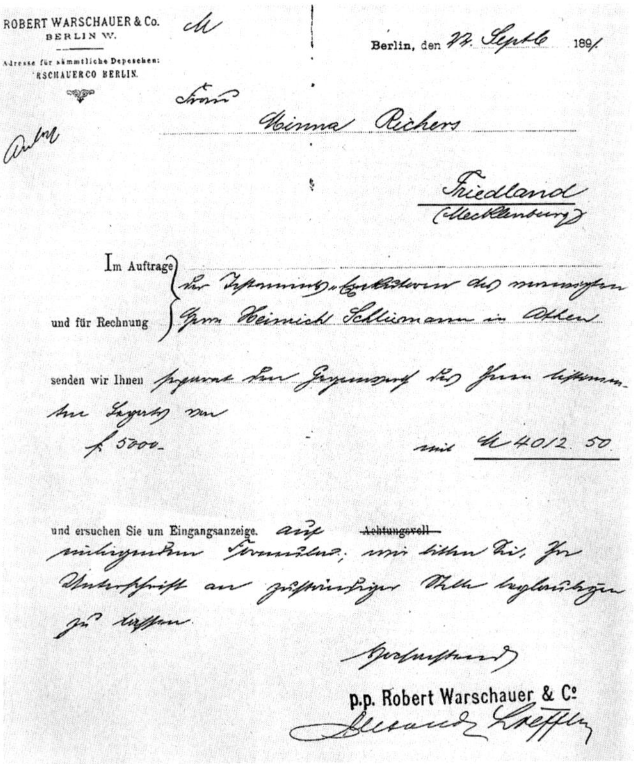
ROBERT WARSCHAUER & Co.
BERLIN W.
Adresse für sämmtliche Depeschen:
...RSCHAUERCO BERLIN.

Berlin, den 22. Septb 1891

Frau
Minna Richers
Friedland
(Mecklenburg)

Im Auftrage
und für Rechnung
Herrn Heinrich Schliemann in Athen

senden wir Ihnen

f. 5000.- M 4012.50

und ersuchen Sie um Eingangsanzeige. ~~Achtungsvoll~~

p.p. Robert Warschauer & Co
Alexander Loeffler

Mitteilung des Bankierhauses Robert Warschauer & Co Berlin an Minna Richers über die Auszahlung des testamentarischen Legates vom 22. September 1891

Präpositus Franz Frölich

Luise Frölich, geb. Meincke

Liebhaber; ich besinne mich nicht gleich des Kandidaten dafür. Schreibe den Leuten nur eine Postkarte; sie holen das Geld bei Dir ab, so daß Du keine Mühe davon hast."

Und in seinem nächsten Brief ergänzt er: „*Von den hundert Mark habe ich schon längst fünfzig Mark an meine Freundinnen Ida Frölich, per Adresse Praepositus E. Frölich in Neubrandenburg, und Frau Theodor Hückstaedt in Fürstenberg zugedacht ...*"

An seinen völlig verarmten früheren Lateinlehrer Carl Andreß, der zuletzt als Hilfskraft an der Großherzoglichen Bibliothek in Neustrelitz angestellt ist, läßt Schliemann seit 1855 regelmäßig zu Weihnachten 20 Taler überweisen. Dieser wird dadurch ermutigt, an Schliemann immer wieder aufdringliche, in der Regel lateinisch geschriebene (!) Bettelbriefe zu schicken, worüber dieser schließlich sehr erbost ist. In einem dieser Briefe schreibt Andreß: „Neustrelitz, 4. Januar 1862 Wie Frau Laue mir erzählte, treffen sich bei Ihnen in Petersburg die Deutschen gewöhnlich zu Neujahr und begehen feierlich diesen Tag miteinander. Erinnern Sie sich bitte, wenn Sie schon an solch froher Gesellschaft teilnehmen, Ihres alten Lehrers, der in seiner großen Not an das Wort von Vergil denken muß: Weiche nicht vor dem Unheil zurück, sondern gehe ihm noch mutiger entgegen! … Ich muß immer wieder sagen: Doppelt gibt, wer schnell gibt!“

Andreß stirbt nach längerer Krankheit im Jahre 1885.

Schliemann unterstützt aber auch einfache notleidende Menschen aus Ankershagen, z. B. den Schneider Fritz Wöllert und den alten Tagelöhner Friedrich Suhrweier. Aus St. Petersburg schreibt Schliemann am 7. Februar 1861 an Bahlmann: „… *In Ankershagen wohnt ein Schneider namens Fritz Wöllert, der mich als Kind systematisch tyrannisierte u. mich täglich durchprügelte. Ich glaube, es geht dem armen Kerl schlecht u bitte Sie daher, ihm den Werth der einliegenden Rl. 20 gelegentlich zukommen zu lassen u. gütigst Erkundigungen einzuholen, wie es ihm geht, denn obgleich ich nicht glaube, durch seine täglichen Züchtigungen tugendhafter oder klüger geworden zu sein, so thut mir der arme Mensch doch leid ...*"

Von Wöllert ist der Antwortbrief vom April 1862 erhalten. Er hat ihn offenbar selbst formuliert und geschrieben: „Ankershagen, 6. Aprill 1862. Hochgeehrter Herr Schliemann! Endlich mal muß ich meinen Dank doch selbst schriftlich an Ihnen abstatten, denn aus mancher Noth haben Sie mich geholfen, die Zeiten sind hier sehr schlecht so daß ich kaum so viel verdiene daß ich mit Frau und Kinder uns das Leben erhalten. Im vorrigen Jahre wollte ich meine zweite Tochter Confirmirren lassen wußte aber nicht wie ich es anfangen sollte, da waren Sie es Herr Schliemann der mich aus aller Noth half, ich konnte doch einiges Zeug für meine Tochter kaufen denn sonst hätte ich ja nicht gewußt womit ich sie kleiden sollte. Ojetzt in diesem Jahre ist die Noth noch um so größer denn seit Weihnachten habe ich keine Kartoffeln mehr im Hause und das kleine Schwein welches ich mir einschlachten wollte ist mir auch gestorben, ich weiß nicht mehr wovon ich leben soll, und für uns Eltern ist es immer am schlimmsten denn wenn jetz am Tage meine acht Kinder kommen und bitten Vater und Mutter gebt uns Brot und Ach: wir haben ja nichts wie uns dann zu Muthe ist können sie denken nun soll ich auch wieder dafür sorgen daß ich Kartoffeln in der Erde kriege aber woher soll ich sie nehmen. O Gott ich weiß nicht mehr wie soll ich es anfangen. Ich muß daher meine Zuflucht zu Ihnen nehmen, helfen Sie mich aus meiner Noth oder ich muß mit meiner Frau und Kinder uns unser Brot betteln welches ich so ungern thue denn weil ich doch meine Kinder ordentlich erziehen wollte. Das Grab Ihrer Mutter hat meine Frau alles gut besorgt das Denkmal ist auch sehr hübsch. Jetzt muß ich schließen recht viele herzliche Grüße von Frau Kinder und von Schneider Friedrich Wöllert."

Bemerkenswert ist die große Anhänglichkeit, die Schliemann für den alten Suhrweier hegt. Es ist nämlich der gleiche Suhrweier, der in jungen Jahren bei seinem Vater als Knecht gedient, als 28jähriger Mann die Beschwerde der Ankershagener Dorfschaft über das unmoralische Verhalten seines Vaters dem Präpositus in Waren vorgetragen hatte und in den Gerichtsakten dann mehrmals als Belastungszeuge gegen seinen Vater genannt wurde.

Aus Schliemanns Briefen spricht eine tiefempfundene menschliche Beziehung zu diesem alten Mann. Sie muß während Schliemanns Kinderjahre durch einen engen persönlichen Kontakt entstanden sein. Fühlt Schliemann dem Tagelöhner Suhrweier gegenüber vielleicht auch eine besondere moralische Verpflichtung, um etwas von dem Unrecht des Vaters abzutragen? Der Tagelöhner ist der einzige Mensch aus Ankershagen, mit dem Schliemann bis zu seinem Tod über Rust in Verbindung bleibt.

Pastor Becker schreibt am 12. Juni 1885 aus Ankershagen: „... Gleich nach Eingang Deiner reichen Sendung aus Berlin – Warschauer & Com(p.) ließ ich den alten Suhrweier rufen und händigte ihm die von Dir für ihn gesandten 50 Mark ein. Der alte Mann war ganz gerührt, daß Du seiner gedacht und wieder so reichlich ihn bedacht. ‚Also Herr Sliemann hett wedder an mi dacht, dat is ene grote Freu fö mi und ick bedank mi gur und gur to veelmal und schriebens em, ick wünsch mi, dat ick sin Angesicht noch mal to seen kreeg un mit em spreken kunn'. Das war die Sprache des von Dank und Freude übernommenen Herzens ...

Am anderen Tag kam Suhrweier wieder zu mir: ‚Herr Pastur, ick hev de ganze Nacht nicht slapen künnt. As ick gistern nah Hus käm, frög min Fru: Vatter, segt see, wat wull de Prester von di? Ja Mudder, segt ick, rahr mol; äber see kunnt nich rahren. Nu wies ick ehr de Goldstücken. As see dee seihg, röp see: dat is von Herr Sliemann! Vatter, heest du di ok bedankt? Ne, Mudder, dat hev ick ganz vergeeten in min grote Freu".

Als Suhrweier 85jährig im Jahre 1888 stirbt, ist Schliemann ernsthaft betroffen, fühlt sich sogar an seinem Tode mitschuldig. Aus Athen schreibt Schliemann am 10. Juni 1888 an seinen Freund Rust: „... *heute aber finde ich hier von Becker in Ankershagen einen Brief, der mein Haus mit Trauer erfüllt; er meldet mir nämlich, daß Suhrweyer nach zehnwöchentlichem Krankenlager am 26. Mai verstorben ist, und es sich um so viel jammervoller für mich, als ich seines Todes*

Quelle bin; er hatte sich nämlich auf der Reise zu Dir erkältet und das Übel nicht mehr überwinden können. Hätte mir nur Becker telegraphiert, daß der Mann krank war, so hätte ich ihm täglich einen Arzt von Strelitz zugeschickt und ihn pflegen lassen. Leider hat er es aber unterlassen. Mein einziger Trost ist, daß Suhrweyer noch am 7. Mai wieder fünfzig Mark von Warschauer & Co. in Berlin direkt zugesandt erhalten und daher keine Not gelitten hat. Mit ihm ist leider das letzte Mitglied des alten Ankershagen, wie ich es vor siebenundfünfzig Jahren kannte, verstorben. Dennoch möchte ich Ankershagen gern wiedersehen …"

Und am gleichen Tage teilt er Pastor Becker in Ankershagen mit: „*… Wie bejammere ich den Tod des Mannes, um so mehr als er der einzige noch lebende aus dem alten Ankershagen war; 100 Fragen über die Chronik des Dorfes seit 1820 hatte ich mir aufgeschrieben um sie ihm bei meinem demnächstigen Besuch in Ankershagen vorzulegen und nun soll ich niemals mehr Aufschluß darüber erhalten. Außer vielleicht ein paar alten Weibern sind jetzt Alle begraben daran ich mich aus der ankershagener Geschichte meiner Kindheit erinnere …*"

In seinem Testament hat Schliemann bedürftige öffentliche Einrichtungen in Athen mit finanziellen Zuwendungen bedacht: ein Krankenhaus, ein Armenhaus, ein Waisenhaus und zwei Häuser für notleidende Kinder und Frauen.

Rostocker Universität, zeitgen. Ansicht

VI.
PROMOTION AN DER ROSTOCKER UNIVERSITÄT

Der Verfasser, ein Autodidact mit vorwiegend archäologischer Neigung, hat sich ... auf ein von zahlreichen gelehrten Vorgängern durchforschtes Gebiet gewagt ...“

Nach Beendigung des Krimkrieges gerät Heinrich Schliemann in eine Lebenskrise, die noch durch eine Krise in der Ehe mit seiner Frau Jekaterina verstärkt wird. Erst 1864 liquidiert er seine Handelsgeschäfte und verläßt Rußland als Großhändler der 1. Gilde und erblicher Ehrenbürger St. Petersburgs.

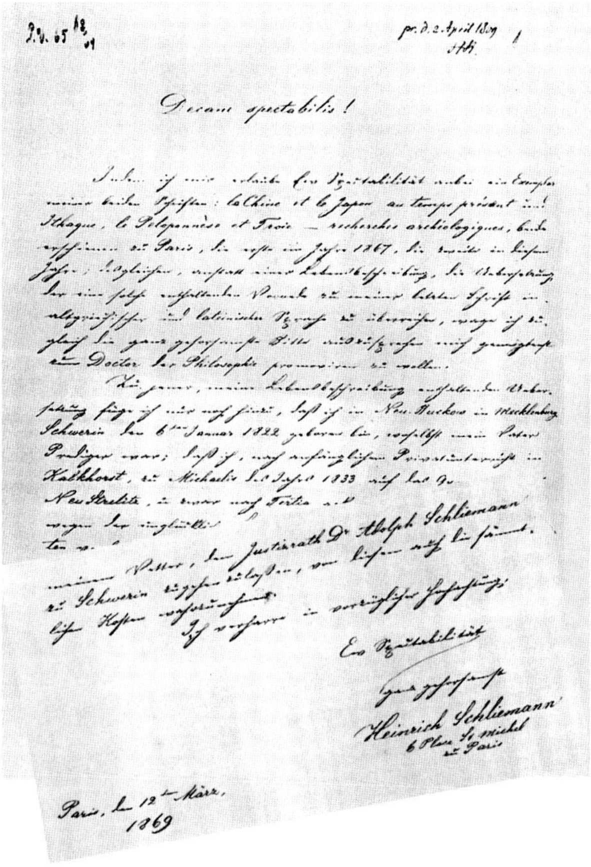

pr. d. 2 April 1869

Decane spectabilis!

Indem ich mir erlaube Ew Spectabilität anbei ein Exemplar meiner beiden Schriften: la Chine et le Japon au temps présent und Ithaque, le Péloponnèse et Troie – recherches archéologiques, beide erschienen zu Paris, die erste im Jahre 1867, die zweite in diesem Jahre; desgleichen, anstatt einer Lebensbeschreibung, die Uebersetzung der eine solche enthaltenden Vorrede zu meiner letzten Schrift in altgriechischer und lateinischer Sprache zu überreichen, wage ich zugleich die ganz gehorsamste Bitte auszusprechen mich geneigtest zum Doctor der Philosophie promoviren zu wollen.

Zu jener, meine Lebensbeschreibung enthaltenden Uebersetzung füge ich nur noch hinzu, daß ich in Neu Buckow in Mecklenburg Schwerin den 6ten Januar 1822 geboren bin, woselbst mein Vater Prediger war; daß ich, nach anfänglichem Privatunterricht in Kalkhorst, zu Michaelis des Jahres 1833 auf das Gy[mnasium]
Neu Strelitz, ...
wegen des unglückli[ch]...
ten ...

meinen Vetter, den Justizrath Dr Adolph Schliemann zu Schwerin ergehen zu lassen, von diesem auch die sämmtlichen Kosten entgegenzunehmen.

Ich verharre in vorzüglicher Hochachtung

Ew Spectabilität

ganz gehorsamst

Heinrich Schliemann
6 Place St michel
zu Paris

Paris, den 12ten März
1869

Promotionsgesuch an den Dekan
der Universität Rostock, 1869

Schliemann unternimmt in den folgenden Jahren ausgedehnte Bildungsreisen in der ganzen Welt und belegt ab 1866 an der Sorbonne in Paris einige Semester, um seine fehlende akademische Bildung nachzuholen.

Die entscheidende Wende in Schliemanns Leben bringt das Jahr 1868. Schliemann begibt sich auf eine Griechenlandreise, eine Reise, die er sich schon vor zwölf Jahren vorgenommen hatte. Dem Studium der altgriechischen Sprache hatte er sich relativ spät – im Jahre 1857 – zugewandt, nachdem er bereits elf andere Sprachen beherrschte. Seine Reise führt Schliemann zunächst zu den Palastanlagen der homerischen Helden (Ithaka, Mykene, Tiryns u. a.). Auf der Suche nach dem legendären Troja gelangt er schließlich auch in die trojanische Ebene.

Das Interesse für die Ausgrabungen Trojas ist offenbar in Schliemann nach dem Zusammentreffen mit dem Architekten Ernst Ziller und dem amerikanischen Vizekonsul in den Dardanellen, Frank Calvert, geweckt worden. Beide sind Amateurarchäologen, die zu dieser Zeit bereits in der Troas nach Troja gesucht und gegraben hatten. Mit Feuereifer und den für eine solche Ausgrabung notwendigen finanziellen Mitteln beschließt der krasse Außenseiter Schliemann auf eigene Kosten den Hügel Hissarlik, dessen Teileigentümer Calvert ist, freizulegen.

Seine Absicht kündigt er in dem Buch „Ithaka, der Peloponnes und Troja“ an, einem Reisetagebuch. Es erscheint zuerst unter dem Titel „Ithaque, le Péloponnèse, Troie“ 1869 in Paris und noch im selben Jahr in Leipzig. Schliemann braucht für die Übersetzung des Buches ins Deutsche einen guten Übersetzer und erinnert sich an den „vortrefflichen Philologen“, seinen ehemaligen Kalkhorster Sprachlehrer Carl Andreß in Neustrelitz. In einem Brief vom 16. Dezember 1868 schreibt er seinem Freund und ehemaligen Klassenkameraden Wilhelm Rust: *„Ich habe nämlich diesen Sommer Griechenland und Kleinasien besucht und jetzt drei Monate Tag und Nacht daran gearbeitet, über meine archäologischen Forschungen in jenen Ländern ein Werk zu schreiben. Dasselbe ist jetzt fertig, aber französisch abgefaßt; ich habe keine Zeit, es auf deutsch zu übersetzen und schrieb vor acht Tagen an C. Andres, ob er es übersetzen wolle. Der gute Mann antwortet aber nicht, und fürchte ich daher, daß er krank oder tot ist.“* Carl Andreß übersetzt das Buch. Der sprachgewandte Schliemann findet die Übersetzung allerdings *„erbärmlich“*, wohl eine der typischen Übertreibungen Schliemanns.

In der Vorrede zu seinem Buch gibt Schliemann eine kurzgefaßte Darstellung seines Lebensweges. Es ist seine erste für die Öffentlichkeit bestimmte Selbstdarstellung. Den Namen seines Heimatortes erwähnt er nicht, schildert aber den tiefen Eindruck, den bei ihm die Erzählungen seines Vaters über die großen Taten der homerischen Helden hinterlassen haben.

Diese erste Schilderung enthält auch noch keinen Hinweis auf das seinen kindlichen Entschluß auslösende Buch Jerrers „Die Weltgeschichte für Kinder“: *„Endlich konnte ich den*

Traum meines ganzen Lebens verwirklichen und mit Musse den Schauplatz der Begebenheiten, welche mir ein so großes Interesse eingeflösst hatten, und das Vaterland der Helden besuchen, deren Abenteuer meine Kindheit entzückt und getröstet haben."

Unschwer ist zu erkennen, daß Schliemann mit dieser ersten Autobiographie beabsichtigt, seinen späten Entschluß (Schliemann ist bereits 46 Jahre alt), sich den Ausgrabungen Trojas zuzuwenden, nachträglich zu motivieren und seinen bisherigen Lebensweg als einen von Kindheit an gewollten, zielstrebig verfolgten Weg erscheinen zu lassen. Seinem Heimatort Ankershagen selbst hat er zu dieser Zeit noch keine Schlüsselrolle zugedacht.

Am 12. Mai 1869 legt der selbstbewußte Autodidakt Schliemann die französische Fassung seines Buches gemeinsam mit einem Exemplar seiner ersten im Jahre 1867 erschienenen Publikation „La Chine et le Japon an temps présent" der Philosophischen Fakultät der Universität Rostock als Dissertation vor. Gleichzeitig beantragte er beim Dekan Prof. Dr. Hermann Karsten die Eröffnung des Promotionsverfahrens. Zusammen mit beiden Schriften überreicht er seine autobiographische Vorrede in altgriechischer und lateinischer Sprache. Schliemann hatte zuvor seinen Vetter, Dr. Adolph Schliemann, der inzwischen einflußreicher Justizrat in Schwerin ist, seine Promotionschancen an der Rostocker Universität prüfen lassen, und offenbar waren sie

QUOD FELIX FAUSTUM FORTUNATUMQUE SIT

SUMMIS AUSPICIIS

SERENISSIMI PRINCIPIS ET DOMINI NOSTRI CLEMENTISSIMI

DOMINI

FRIDERICI FRANCISCI

MAGNI DUCIS MEGAPOLITANI

PRINCIPIS VENEDORUM SUERINI ET RACEBURGI

COMITIS SUERINENSIS

TERRAE ROSTOCHIENSIS ET STARGARDIENSIS DOMINI

UNIVERSITATIS HUJUS LITERARIAE PATRONI MUNIFICENTISSIMI

ATQUE

CANCELLARII MAGNIFICENTISSIMI

RECTORE ACADEMIAE MAGNIFICO

THEODORO THIERFELDER

PHILOSOPHIAE ET MEDICINAE DOCTORE HUJUSQUE PROFESSORE PUBLICO ORDINARIO

MAGNO DUCI MEGAPOLITANO SUERINENSI A CONSILIIS MEDICIS SUPREMIS

COLLEGII CUI RES MEDICINALES A SERENISSIMO PRINCIPE COMMISSAE SUNT MEMBRO ORDINARIO

VIRUM PRAENOBILISSIMUM

HENRICUM SCHLIEMANN

MEGAPOLITANUM

TRADITO LIBRO ARCHAEOLOGICO

DE ITHACA INSULA PELOPONNESO ET TROADE

PHILOSOPHIAE DOCTOREM ARTIUMQUE LIBERALIUM MAGISTRUM

ORNATUM ESSE

PUBLICO HOC DIPLOMATE

CONFIRMAT

AD HUNC ACTUM CLEMENTISSIME CONSTITUTUS PROMOTOR ET PROCANCELLARIUS

HERMANNUS KARSTEN

PHILOSOPHIAE DOCTOR

MATHESEOS ET PHYSICES PROFESSOR PUBLICUS ORDINARIUS

OBSERVATORII ASTRONOMICI DIRECTOR

APPARATUS PHYSICI ET MUSEI HISTORIAE NATURALIS CONDIRECTOR

SCHOLAE NAUTICAE DIRECTOR

COMPLURIUM SOCIETATUM LITERARIARUM MEMBRUM VEL ORDINARIUM VEL PER LITERAS CONJUNCTUM

ORDINIS PHILOSOPHORUM H. T. DECANUS.

P. P. ROSTOCHII SUB SIGILLO ORDINIS PHILOSOPHORUM

DIE XXVII M. APRILIS A. MDCCCLXIX.

TYPIS ADLERIANIS.

LS

Doktordiplom der Rostocker Universität
für Heinrich Schliemann, 1869

ihm günstig erschienen. Damals war es noch möglich, an einer deutschen Universität unter bestimmten Bedingungen „in absentia“ zu promovieren. Vetter Adolph kümmerte sich auch um die Abwicklung der weiteren Formalitäten.

Das Hauptgutachten erstellt der Gräzist Prof. L. Bachmann. Beurteilt wird vor allem Schliemanns archäologische Abhandlung. Bachmann bemerkt u.a.: „Der Verfasser, ein Autodidact mit vorwiegend archäologischer Neigung, hat sich in diesen Untersuchungen auf ein von zahlreichen gelehrten Vorgängern durchforschtes Gebiet gewagt ... Die Leistungen des Herrn Schliemann auf archäologisch-topographischem Gebiete ... sind, ungeachtet der gegen Einzelnes zu machenden Einwendungen, so anerkennenswerth, dass ich für die Promotion des Verf. zu stimmen keine Bedenken trage. Dass wir bei einem Autodidacten von solcher selbsterworbenen Befähigung zu gelehrter antiquarischen Forschung, und von so grossem Forschungseifer, von der statutenmassigen Procedur absehen dürfen, ist meine unmasgebliche Meinung.“ Alle anderen Gutachter schließen sich dem an. Am 27. April 1869 wird Schliemann das lateinische Doktordiplom ausgestellt. Die Doktorwürde stärkt das Selbstbewußtsein des wissenschaftlichen Außenseiters sehr und beflügelt sicherlich seine weiteren anspruchsvollen Vorhaben. Die Promotionsunterlagen befinden sich noch heute im Archiv der Rostocker Universität. Sie widerlegen die immer wiederkehrenden Behauptungen und Verdächtigungen in der Literatur, daß es bei Schliemanns Promotion

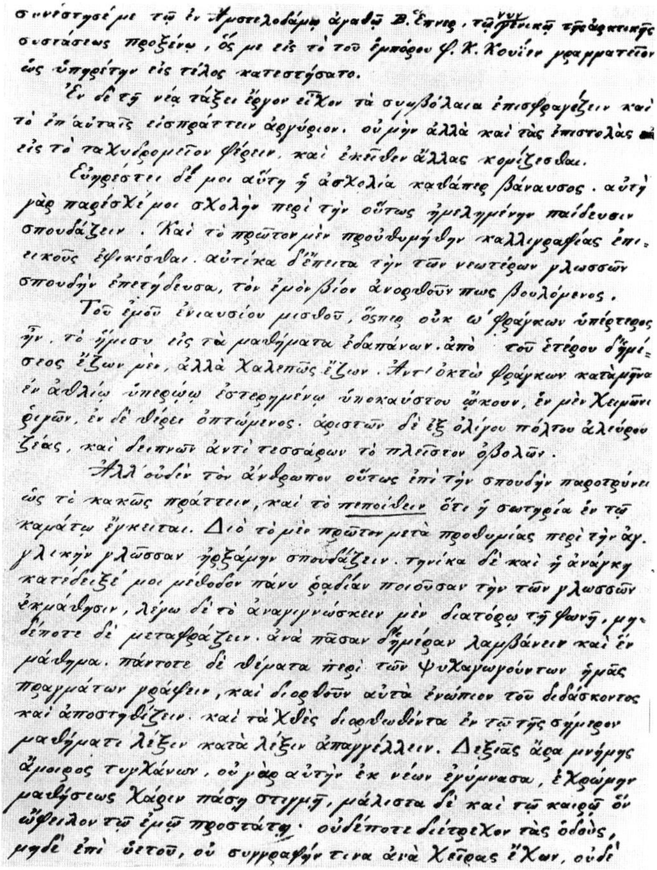

συνέστησέ με τῷ ἐν Ἀμστελοδάμῳ ἀγαθῷ Β. Ἕππιγ, τῷ νῦν Ἑλβετικῷ τῆς δημοκρατικῆς
συστάσεως προξένῳ, ὅς με εἰς τὸ τοῦ ἐμπόρου Φ. Κ. Κουΐεν γραμματεῖον
ὡς ὑπηρέτην εἰς τέλος κατεστήσατο.
Ἐν δὲ τῇ νέᾳ τάξει ἔργον εἶχον τὰ συμβόλαια ἐπισφραγίζειν καὶ
τὸ ἐπ' αὐταῖς εἰσπράττειν ἀργύριον. οὐ μὴν ἀλλὰ καὶ τὰς ἐπιστολὰς
εἰς τὸ ταχυδρομεῖον φέρειν, καὶ ἐκεῖθεν ἄλλας κομίζεσθαι.
Εὐηρέστει δέ μοι αὕτη ἡ ἀσχολία καθάπερ βάναυσος. αὕτη
γὰρ παρεῖχέ μοι σχολὴν περὶ τὴν οὕτως ἠμελημένην παίδευσιν
σπουδάζειν. Καὶ τὸ πρῶτον μὲν προὐθυμήθην καλλιγραφίας ἐπι-
εικοῦς ἐφικέσθαι. αὐτίκα δ' ἔπειτα τὴν τῶν νεωτέρων γλωσσῶν
σπουδὴν ἐπετήδευσα, τὸν ἐμὸν βίον ἀνορθοῦν πως βουλόμενος.
Τοῦ ἐμοῦ ἐνιαυσίου μισθοῦ, ὅσπερ οὐκ ω' φράγκων ὑπέρτερος
ἦν, τὸ ἥμισυ εἰς τὰ μαθήματα ἐδαπάνων. ἀπὸ τοῦ ἑτέρου δ' ἡμί-
σεος ἔζων μέν, ἀλλὰ χαλεπῶς ἔζων. Ἀντ' ὀκτὼ φράγκων κατὰ μῆνα
ἐν ἀθλίῳ ὑπερῴῳ ἐστερημένῳ ὑποκαύστου ᾤκουν, ἐν μὲν χειμῶνι
ῥιγῶν, ἐν δὲ θέρει ὀπτώμενος. ἀριστῶν δ' ἐξ ὀλίγου πόλτου ἀλεύρου
ζειᾶς, καὶ δειπνῶν ἀντὶ τεσσάρων τὸ πλεῖστον ὀβολῶν.
Ἀλλ' οὐδὲν τὸν ἄνθρωπον οὕτως ἐπὶ τὴν σπουδὴν παροτρύνει
ὡς τὸ κακῶς πράττειν, καὶ τὸ πεποιθεῖν ὅτι ἡ σωτηρία ἐν τῷ
καμάτῳ ἔγκειται. Διὸ τὸ μὲν πρῶτον μετὰ προθυμίας περὶ τὴν ἀγ-
γλικὴν γλῶσσαν ἠρξάμην σπουδάζειν. τηνίκα δὲ καὶ ἡ ἀνάγκη
κατέδειξέ μοι μέθοδον πάνυ ῥᾳδίαν ποιοῦσαν τὴν τῶν γλωσσῶν
ἐκμάθησιν, λέγω δὲ τὸ ἀναγιγνώσκειν μὲν διατόρῳ τῇ φωνῇ, μη-
δέποτε δὲ μεταφράζειν. ἀνὰ πᾶσαν δ' ἡμέραν λαμβάνειν καὶ ἓν
μάθημα. πάντοτε δὲ θέματα περὶ τῶν ψυχαγωγούντων ἡμᾶς
πραγμάτων γράφειν, καὶ διορθοῦν αὐτὰ ἐνώπιον τοῦ διδάσκοντος
καὶ ἀποστηθίζειν. καὶ τὰ χθὲς διορθωθέντα ἐν τῷ τῆς σήμερον
μαθήματι λέξιν κατὰ λέξιν ἀπαγγέλλειν. Δεξιᾶς ἄρα μνήμης
ἄμοιρος τυγχάνων, οὐ γὰρ αὐτὴν ἐκ νέων ἐγύμνασα, ἐχρώμην
μαθήσεως χάριν πάσῃ στιγμῇ, μάλιστα δὲ καὶ τῷ καιρῷ ὃν
ὤφειλον τῷ ἐμῷ προστάτῃ. οὐδέποτε διέτρεχον τὰς ὁδούς,
μηδὲ ἐπὶ ὑετοῦ, οὐ συγγραφήν τινα ἀνὰ χεῖρας ἔχων, οὐδὲ

Lebenslauf Schliemanns in griechischer Sprache

nicht mit rechten Dingen zugegangen wäre, da er das Diplom nicht zuletzt für seinen im klassischen Griechisch abgefaßten Lebenslauf erhalten hätte. Leider hat Schliemann bewußt oder unbewußt durch eine mißverständliche Formulierung in seiner Autobiographie zu dieser Fehlinterpretation beigetragen. Gut, daß es nicht allein auf seinen griechischen Lebenslauf angekommen ist, sonst wäre Schliemann nicht promoviert worden. Prof. Bachmanns vernichtendes Urteil dazu lautet: „... die Übertragung derselben ins Griechische wäre besser ganz weggeblieben, denn der Mangel an griech. Wendungen und Satzfügungen zeigt, dass der Verf. einen syntactischen Cursus dieser Sprache nicht durchgemacht hat und daher einen vollständig in sich geschlossenen Satz in antiker Form zu bilden nicht versteht." (!)

VII.
HEINRICH SCHLIEMANN UND FRIEDRICH SCHLIE – DIE BEZIEHUNG ZWEIER BEDEUTENDER MECKLENBURGER

„In dem ich Ihnen wiederholt meine große Freude ausdrücke Männer wie Sie in Mecklenburg zu sehen …“

Am 6. Januar 1873 schreibt Friedrich Schlie, seit 1869 Lehrer am Gymnasium in Waren an der Müritz, einen Brief an seinen „Landsmann und halben Namensvetter“ Heinrich Schliemann. Er läßt ihn durch den Amtssekretär Johann Petrowski aus Röbel, der mit Schliemanns Schwester Dorothea verheiratet ist, nach Athen weiterleiten. Schliemanns Fortsetzungsberichte über seine Ausgrabungen in Troja und sein Buch „Ithaka, der Peloponnes und Troja“ haben das Interesse des „der classischen Archäologie mit ganzer Seele zugethanenen Landsmannes“ geweckt. Schlie möchte mit Schliemann in einen fachlichen Gedankenaustausch treten. Dieser ist erfreut über die „freundliche Sympathie“, die dieser ihm entgegenbringt, noch mehr erstaunt über die Fachkenntnis dieses Kleinstadtlehrers. Schliemann antwortet sofort nach Erhalt des Briefes. Sein Antwortschreiben vom 18. Januar endet mit

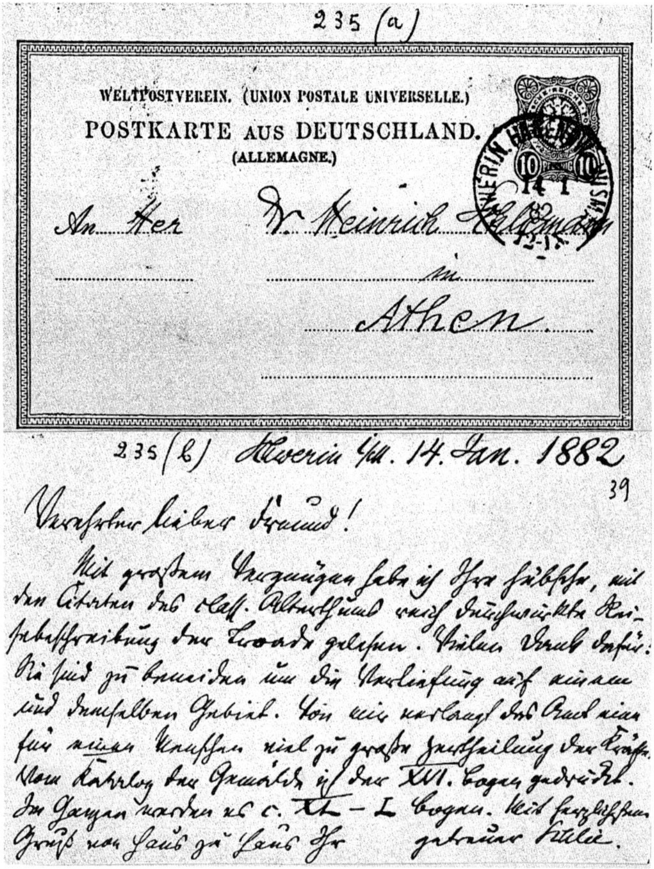

235 (a)

WELTPOSTVEREIN. (UNION POSTALE UNIVERSELLE.)

POSTKARTE AUS DEUTSCHLAND.

(ALLEMAGNE.)

An Herr Dr. Heinrich Schliemann

in

Athen.

235 (b) Schwerin i/M. 14. Jan. 1882

39

Verehrter lieber Freund!

Mit großem Vergnügen habe ich Ihre hübsche, mit den Citaten des class. Alterthums reich durchwirkte Reisebeschreibung der Troade gelesen. Vielen Dank dafür: Sie sind zu beneiden um die Vertiefung auf einem und demselben Gebiet. Von mir verlangt das Amt eine für meinen Geschmack viel zu große Zertheilung der Kräfte. Vom Katalog der Gemälde ist der XVI. Bogen gedruckt. Im Ganzen werden es c. XL – L Bogen. Mit herzlichstem Gruß von Haus zu Haus Ihr getreuer Schlie.

Postkarte Friedrich Schlies an Heinrich Schliemann vom 14. Januar 1882 den anerkennenden Worten: *„Indem ich Ihnen wiederholt meine große Freude ausdrücke Männer wie Sie in Mecklenburg zu sehen begrüße ich Sie.“* Damit beginnt zwischen Schliemann und Schlie ein freundschaftlicher Briefwechsel, der bis zum Tode Schliemanns andauert.

In einem der folgenden in Waren geschriebenen Briefe bekennt Schlie am 6. August 1873: „Der classischen Archäologie habe ich mich einmal ganz u. gar ergeben, der Wunsch jedoch, mich an einer Universität zu habilitieren, hat dem Drange der Verhältnisse unterliegen müssen. So bleibt mir denn jetzt nichts weiter übrig, als in der beschränkten Stellung eines Gymnasiallehrers von ferne den Spuren der großen archäologischen Heerstraße zu folgen und auf eine freiere Zukunft zu hoffen.“

Was sind das für widrige Verhältnisse, die Schlie daran gehindert haben, die akademische Laufbahn einzuschlagen und sich der Archäologie zu widmen? Schlies Biographie klärt uns auf:

Friedrich Schlie wird am 12. Dezember 1839 als Sohn eines Lehrers und Kantors in Brüel, Mecklenburg, geboren. Vom achten Lebensjahr an erhält er hier Privatunterricht. Mit seinen Eltern siedelt er nach Doberan über, wo er am Steinmannschen Institut unterrichtet wird. Da sein Vater ihm den weiteren Schulbesuch nicht finanzieren kann, muß er mit 16 Jahren die Schule verlassen. Als Hauslehrer und Lehrer einer Privatschule sorgt er für sein eigenes Einkommen. Nach fünf Jahren Lehrertätigkeit kann er wieder als

Schüler das Rostocker Gymnasium besuchen und erlangt 1863 das Reifezeugnis. Schlie nimmt in Rostock das Studium der Philologie auf, geht dann nach München, um beim berühmten Archäologen Heinrich Brunn klassische Archäologie zu studieren. Bereits 1867 promoviert er mit einer Dissertation über ein homerisches Thema. Danach ist er in Rom Hilfssekretär am Königlich Preußischen Archäologischen Institut. Aus familiären und finanziellen Gründen kann Schlie jedoch seine wissenschaftliche Laufbahn nicht fortsetzen. Er ist gezwungen, Ostern 1869 eine Lehrerstelle am Gymnasium in Waren an der Müritz anzutreten.

Die von Schlie während seines Warener Aufenthaltes an Schliemann geschriebenen Briefe machen deutlich, wie sehr sich Schlie als Gymnasiallehrer in der Kleinstadt Waren nach einer seinen Interessen mehr entsprechenden und besser bezahlten Direktorenstelle in einem Museum oder einer archäologischen Professur an einer Universität sehnt und auch bemüht. Am 12. Januar 1875 schreibt er an Schliemann: „Die Beschäftigung mit den Werken der alten Kunst, u. wenn man sie auch nur in Stichen u. Photographien u. von Zeit zu Zeit in Gypsabgüssen vor sich hat, ist durchaus im Stande, auch über die Alltäglichkeit des kleinen mühseligen u. sonst nur allzu beschränkten Lebens einer kleinen Stadt, wozu ich durch die drückenden Verhältnisse meiner ganzen Lebens-Entwicklung gezwungen bin, zu trösten und hinweg zu leiten.“ Und an anderer Stelle (Waren, 11. Februar 1874): „Ich muß und werde auch hier noch einmal wieder fortkommen, u. wenn auch Gott weiß was für Ketten zerrissen werden sollten."

Trotz starker beruflicher Inanspruchnahme verfolgt Schlie mit großer Anteilnahme Schliemanns Berichte und Erfolge und bekennt ihm ehrlich am 12. Januar 1875: „Ich beneide Sie um die Anschauungen, die Sie durch Ihre Reisen an Ort und Stelle zu gewinnen vermögen. Hoffentlich beschert auch mir noch irgend einmal ein gütiges Geschick die Reise nach Griechenland."

Frühzeitig wird ihm die Bedeutung der Schliemannschen Entdeckungen bewußt. Schlie bietet Schliemann seine Hilfe und Unterstützung an. Erstmals kann er sich nützlich machen, als Schliemann am 18. August 1875 an der Rostocker Universität aus Anlaß des Deutschen Philologentages einen Vortrag über „Troia und seine Ruinen" hält. Er sorgt in Waren für die Drucklegung des Rostocker Vortrages beim Buchdrucker C. Quandt, kümmert sich um das Korrigieren und das Verschicken der Schrift an die Philologen in Deutschland.

Schlie bittet Schliemann, dem von Maltzanschen Naturhistorischen Museum für Mecklenburg in Waren, „das auch Schriftwerke und Publikationen aller Art von gebornen Mecklenburgern" sammelt, je ein Exemplar seiner Werke für die Bibliothek zuzusenden. Schliemann reagiert bereitwillig.

Wie kein anderer setzt sich Friedrich Schlie in der Folgezeit in Wort und Schrift für das Bekanntwerden seines

Friedrich Schlie, Photo mit Widmung für Heinrich Schliemann

Troia und seine Ruinen.

Vortrag

von

Dr. HEINRICH SCHLIEMANN

gehalten

in der Aula der Universität Rostock

den 17. August 1875.

WAREN.

DRUCK VON C. QUANDT.

1875.

Titelseite des gedruckten Vortrages „Troia und seine Ruinen“

Landsmannes ein. So bittet er Schliemann am 14. November 1875 um weitere autobiographische Details als Ergänzung zu den Angaben im Buch „Ithaka, der Peloponnes und Troja“ für eine von ihm geplante Veröffentlichung. Für Schliemann ist jetzt der Zeitpunkt gekommen, vor der Welt eine Erklärung für seine beispiellosen Erfolge abzugeben. Er bereitet zu dieser Zeit die Herausgabe seines bedeutendsten Buches über seine bisherigen trojanischen Ausgrabungen „Ilios – Stadt und Land der Trojaner“ vor. Schliemann will diesem wissenschaftlichen Werk eine ausführliche Autobiographie voranstellen.

Er begrüßt deshalb Schlies Absicht und teilt ihm die gewünschten Angaben am 20. November postwendend mit. *„Sie fragen, ob ich Ihnen nicht noch etwas zu den Notizen in „Ithaka“ hinzuliefern kann. Ja wohl!“*

Es sind ausführliche Details über seinen Heimatort Ankershagen und seine damaligen Kindheitserlebnisse. Schliemann berichtet über die tiefen Eindrücke, die die vielen Sagen des Ortes auf ihn gemacht hätten, zum Beispiel die Sage vom „Raubritter Henning Bradenkirl“ und vom „Silberschälchen“ im Pfarrgarten. Erstmals hören wir etwas über Schliemanns frühen Entschluß, später einmal Troja auszugraben: *„Daher auch mein grenzenloser Geiz und meine wahnsinnige Liebe zum Gelde in früheren Jahren, nicht des Geldes wegen, sondern um schnellmöglichst die Mittel zu kriegen das [höhere Ziel] meines Lebens zu erreichen.“*

In dem Brief an Schlie findet sich ein erster Hinweis auf Jerrers Buch „Die Weltgeschichte für Kinder“, dem Schliemann eine so große Bedeutung für seine Kindheit in Ankershagen beimißt.

In Schliemanns schriftlichem Nachlaß in der Gennadios-Bibliothek in Athen liegt noch heute eine Ausgabe aus dem Jahre 1828. Die Titelseite trägt den Namenszug Heinrich Schliemanns.

Friedrich Schlie übernimmt die autobiographischen Angaben aus den Briefen Schliemanns und veröffentlicht sie im folgenden Jahr (1876) als Aufsatz in der Zeitschrift „Im Neuen Reich“ und kurze Zeit später in einer selbständigen Schrift „Schliemann und seine Bestrebungen“, die in der Hofbuchdruckerei Bärensprung erscheint. Unfreiwillig trägt er damit zur Mythologisierung Schliemanns bei.

Die Stimmung der Mecklenburger angesichts der Zeitungsmeldungen über die sensationellen Grabungserfolge Schliemanns bringt Schlie in der letztgenannten Schrift treffend zum Ausdruck: „Zur Zeit der ersten Veröffentlichung dieser Berichte ... herrschte bei den Gelehrten wie im Publikum eine so große Aufregung ... Überall, im Hause und auf der Straße, im Postwagen und auf der Eisenbahn, wurde von Troja geredet. Man war voll Staunens und Fragens.“

Wegen der starken Homerbezogenheit in seinen wissenschaftlichen Aussagen setzt sich Schliemann immer wieder der Kritik der Fachleute aus. Schlie versucht ihn auf

Ehrendiplom der Deutschen Gesellschaft für Anthropologie, Ethnologie und Urgeschichte für Heinrich Schliemann, 1877

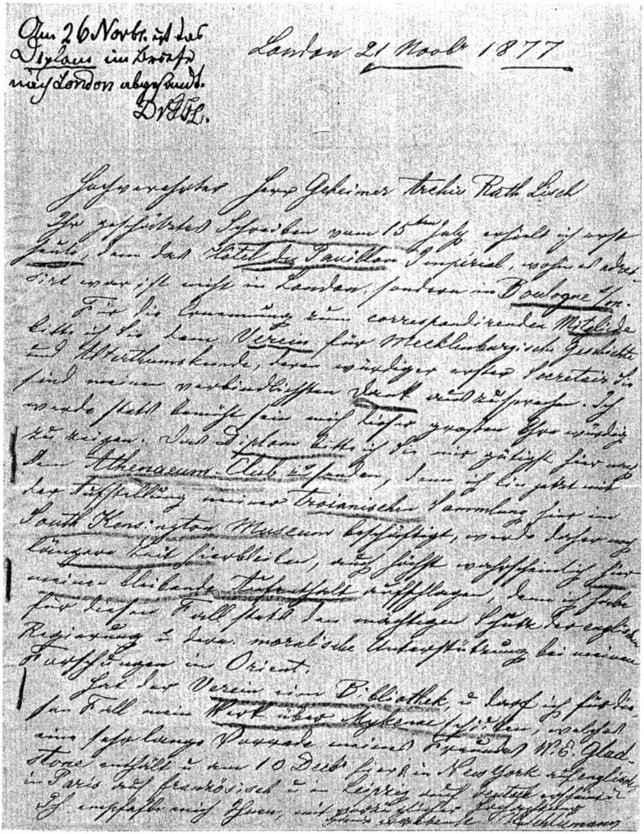
Am 26 Novbr. ist das Diplom im [illegible] nach London abgesandt. Dr GCFL.

London 21 Novbr 1877

Hochverehrter Herr Geheimer Archiv Rath Lisch

Ihr geschätztes Schreiben vom 15ten July erhielt ich erst heute, denn das Hôtel du Pavillon Impérial, wohin es adressirt war, ist nicht in London, sondern in Boulogne s/m.

Für die Ernennung zum correspondirenden Mitgliede bitte ich Sie dem Verein für Mecklenburgische Geschichte und Alterthumskunde, deren würdiger erster Secretair Sie sind, meinen verbindlichsten Dank auszusprechen. Ich werde stets bemüht sein mich dieser großen Ehre würdig zu zeigen. Das Diplom bitte ich Sie mir gütigst hier an den Athenaeum Club zu senden, denn ich bin jetzt mit der Aufstellung meiner trojanischen Sammlung hier im South Kensington Museum beschäftigt, werde daher noch längere Zeit hierbleiben, auch später wahrscheinlich hier meinen bleibenden Aufenthalt aufschlagen, denn ich habe für diesen Fall stets den mächtigen Schutz der engl. Regierung u deren moralische Unterstützung bei meinen Forschungen im Orient.

Hat der Verein eine Bibliothek, so darf ich für [illegible] Fall mein Werk über Mykenae schicken, welches eine [illegible] Vorrede meines Freundes W.E. Gladstone enthält u am 10 Decbr hier in New York auf englisch, in Paris auf französisch u in Leipzig auf deutsch erscheint.

Ich empfehle mich Ihnen, mit [illegible] Hochachtung [illegible] H Schliemann

Dankschreiben an Friedrich Lisch für die Ernennung zum korrespondierenden Mitglied des Vereins für Mecklenburgische Geschichte und Altertumskunde 1877

mögliche Fehlinterpretationen aufmerksam zu machen. Hierauf reagiert Schliemann mit der für ihn typischen Empfindlichkeit. Schlie beschwichtigt ihn, wenn er oft ausfallend und gereizt auf öffentliche Kritiken der Fachkollegen in Deutschland reagiert: „Glauben Sie doch nur, daß Sie in Deutschland zehntausend mal mehr Freunde als Feinde haben, Feinde überhaupt nicht ..." (Waren, 2. Januar 1877)

Schlie veröffentlicht umfangreiche Artikel in der Mecklenburgischen Zeitung, der Augsburger Allgemeinen, der Jenaer Allgemeinen, in der Zeitschrift „Im Neuen Reich" und der „Gartenlaube". Er lanciert auch Presseartikel Schliemanns in diese Zeitungen.

„1876, als Viele noch zweifelten, brach ich eine der ersten – wenn nicht die erste Lanze – für Schliemann", formuliert Schlie nach Schliemanns Tod am 16. März 1891 in einem Brief an das Verlagshaus F. A. Brockhaus in Leipzig.

Die General-Versammlung des „Vereins für Mecklenburgische Geschichte und Alterthumskunde", dessen aktives Mitglied Schlie ist, ernennt Heinrich Schliemann am 11. Juli 1877 zum Korrespondierenden Mitglied. Der Geheime Archivrat Friedrich Lisch, erster Sekretär dieses Vereins, teilt dies Schliemann persönlich mit. Dieser bedankt sich dafür aus London, wo er gerade die trojanische Sammlung im South-Kensington-Museum aufbaut, mit der Zusendung seines soeben erschienenen Werkes „Mykenae".

Zu einem ersten persönlichen Kennenlernen zwischen

Schliemann und Schlie kommt es Ende des Jahres 1881 in Paris. Dort treffen sie sich während eines Studienaufenthaltes von Schlie für „ein paar Augenblicke“ in der Großen Oper. Mehrmals lädt Schlie dann Schliemann zu einem Besuch nach Schwerin ein, wo er ihm sein Museum zeigen möchte. Erst im Sommer 1883 oder 1884 scheint es dazu gekommen zu sein. In einem späteren Brief erinnert sich Schlie: „Noch oft denke ich mit Vergnügen an die zwei Tage in Schwerin, wo ich auch Ihre verehrte liebe Frau Gemahlin und Ihre beiden lieben Kinder kennen lernte. Haben Sie nicht Lust, dergleichen einmal zu wiederholen?“ Die Antwort Schliemanns ist nicht bekannt, zu einem zweiten Besuch ist es offenbar nicht gekommen.

Schliemann schätzt Schlie nicht nur als *„Kunstkenner und Archäologen, sondern auch als Philologen aller ersten Ranges“*, dessen altgriechische Briefe *„dem Demosthenes Ehre machen würden“*. So urteilt Schliemann am 9. Dezember 1884 in einem Brief an einen einflußreichen Bekannten in München, den er darum bittet, *„meinem Freund Schlie zur Direktorenstelle des Nationalmuseums in der Maximilianstraße zu verhelfen“*.

Die harmonische Beziehung wird zeitweilig allerdings empfindlich gestört. Schlie wehrt sich gegen wiederholte Geldzuwendungen Schliemanns als Entgelt für seine unterstützende publizistische Tätigkeit, die er für seinen Landsmann als Freundschaftsdienst leistet. Er erkennt die Gefahr, sich von Schliemann abhängig zu machen und sieht dadurch

Friedrich Schlie, Ölgemälde von
Luise Schmidt, 1898

Heinrich Schliemann, 80er Jahre

seine Urteilsfähigkeit beeinträchtigt. „Ich bitte Sie inständigst, mir nie wieder Geld zu schicken, es könnte das bekannt werden und mir, der ich vollständig reines Gewissen bezüglich meines Urtheils u. Interesses für Ihre Person u. Funde habe, schlecht ausgelegt werden. Auch legen Sie mir dadurch die Feder lahm ...“, schreibt er Schliemann beschwörend in einem Brief am 30. Januar 1877. Diese moralische Einstellung ehrt Schlie um so mehr, da dieser während seiner Warener Gymnasialzeit mit seiner Familie unter finanziellen Zwängen leidet. Für Schliemann ist kennzeichnend, daß er diese von Schlie mehrfach geäußerten Bitten völlig ignoriert. Schlie leidet sehr darunter.

Die Freundschaft der beiden Mecklenburger hat bis zum Tode Schliemanns im wesentlichen ungetrübt über die Zeiten hin angedauert. Allerdings verläuft die Korrespondenz in den letzten Jahren weniger intensiv. Die Leitung des Großherzoglichen Museums und umfangreiche Publikationen nehmen auch die Zeit Schlies zunehmend in Anspruch. Das hindert ihn aber nach dem Tode Schliemanns nicht, sich im Jahre 1891 für die Errichtung eines Denkmals für seinen Freund einzusetzen.

Große Verdienste hat sich Schlie durch sein großangelegtes, fünfbändiges Werk „Die Kunst- und Geschichts-Denkmäler des Grossherzogthums Mecklenburg-Schwerin“ (1896–1902) erworben. Als aktives Mitglied des Mecklenburgischen Geschichts- und Altertumsvereins hat er sich in einigen Publikationen auch mit den Baudenkmälern des für Schliemanns Kindheit so bedeutsamen kleinen Dorfes Ankershagen beschäftigt.

Friedrich Schlie stirbt als hochgeehrter Kunstwissenschaftler am 21. Juli 1902 in Kissingen. 1891 wird ihm der Professorentitel, 1899 der Titel eines Geheimen Hofrates verliehen.

VIII.
BEZIEHUNGEN ZU DEN MECKLENBURGER FÜRSTENHÄUSERN

„Da der Großherzog von Schwerin mich keiner Antwort gewürdigt hat, so ist's zwischen ihm und mir auf immer aus ...“

Im Jahre 1871 beginnt Heinrich Schliemann mit seinen ersten offiziellen Ausgrabungen in Troja. Der Außenseiter der Altertumswissenschaft ist um Anerkennung in der Öffentlichkeit bemüht. Er möchte auch die Aufmerksamkeit des regierenden Landesvaters seiner früheren Heimat, des Großherzogs von Mecklenburg-Schwerin, Friedrich Franz II., auf seine Person und seine Ausgrabungen in Troja lenken. Vielleicht erhofft er sich daraus einen günstigen Einfluß auf Kaiser Wilhelm, dessen Schwestersohn der Großherzog ist. Es hat den Anschein, daß Schliemann für seine Pläne eine entfernte Cousine, Johanna Diestel, Gutsherrin von Grambow, interessieren kann. Sie schreibt am 17. Februar 1872 an Schliemann: „Wenn ich nur den Großherzog für diese Sache gewinnen kann, dann ist mir jedes anständige Mittel gleich! und direkt an den Großherzog schreiben, das verstehe ich nicht ...“

Mitte Juni 1872 macht Schliemann einen bedeutenden Fund. In einem Meter Tiefe wird ein Marmorrelief mit der Darstellung des Sonnengottes Helios freigelegt. Es schmückte einst den dorischen Athena-Tempel aus der hellenistischen Zeit. Bereits im Oktober sendet Schliemann Abgüsse der Metope an die Museen in Berlin, München und Wien, später nach Straßburg, London und Paris.

Er hält nun die Zeit für gekommen, sich direkt an Friedrich Franz II. zu wenden. Schliemann schreibt ihm in einem Brief vom 12. Oktober 1872, dem er eine Photographie des Triglyphenblocks beilegt: „*Wenn es E. K. H. genehm ist so werde ich mir ein großes Vergnügen daraus machen Ihrem ausgezeichneten Museum einen Gypsabguß davon zu schicken; es ist ein großes Meisterwerk.*"

Friedrich Franz II., der ein trefflicher Verwaltungsbeamter und ein tüchtiger Militär war, zu Wissenschaft und Kunst aber kaum ein persönliches Verhältnis gewann, würdigt dem zu diesem Zeitpunkt noch nicht bekannten Heinrich Schliemann nicht einmal einer Antwort. Schliemann verübelt ihm das sehr und reagiert mit seiner ihm eigenen Überempfindlichkeit. Er sendet den für das Schweriner Museum bestimmten Gipsabguß kurzerhand an die Rostocker Universität. In einem Begleitbrief vom 25. Januar 1873 an den Dekan der Philosophischen Fakultät schreibt er: „*Möge das Bild dieses Meisterwerks des classischen Alterthums dazu beitragen in der Mecklenburger Jugend den Sinn für das Erhabene und Schöne zu erwecken und namentlich für die herrliche griechische Kunst und Litteratur ...*"

Aber auch die Universität Rostock bedankt sich nicht bei Schliemann. Bei ihm entsteht der Eindruck , daß er in seiner früheren Heimat keine Anerkennung findet. Dieser Eindruck verfestigt sich im Laufe der Jahre bei ihm, und er findet auch später nur schwer Zugang zum großherzoglichen Hause Mecklenburg-Schwerin.

Selbst später noch, am 13. März 1875, schreibt er aus Athen an seinen Freund Wilhelm Rust in Neustrelitz: „*Der Großherzog von Schwerin, dem ich vor 3 Jahren einen Abguss des herrlichen troianischen Phoebus Apollo zum Geschenk anbot, antwortete nicht einmal, in Folge deßen ich schon danach die Idee aufgab ein Museum in Mecklenburg zu bauen u die troianische Sammlung darin aufzustellen.*“

Als Rust in seinem Antwortschreiben dennoch versucht, Schliemann umzustimmen, antwortet dieser grollend: „*Da der Großherzog von Schwerin mich keiner Antwort gewürdigt hat, so ist's zwischen ihm und mir auf immer aus u lieber würde ich den kostbaren Block zertrümmern als ihm jetzt einen Abguss davon zu schicken.*“
(Athen, 24. April 1875)

Von Schliemanns Biographen Emil Ludwig ist eine zweite Aussage Schliemanns überliefert, die drastisch seine große Enttäuschung zum Ausdruck bringt: „*Finde ich noch tausend Schätze, Mecklenburg soll kein Goldkörnchen davon erhalten, denn stets werde ich dort auf die erbärmlichste Weise beschimpft.*“

Am 18. August 1873 spricht Schliemann anläßlich einer Vortragsreise durch Europa an der Universität in Rostock über seine trojanischen Ausgrabungen.

Schlie rät Schliemann, ein Exemplar der Publikation auch an die beiden mecklenburgischen Großherzöge zu schicken.

Friedrich Franz läßt sich jetzt bei Schliemann bedanken. „Wir haben das von dem Dr. Schliemann ... Uns überreichte Exemplar seiner am 17. August d. J. (richtig ist der 18. August – W. B.) in der Aula der Universität zu Rostock gehaltenen Rede gern entgegengenommen und sagen demselben hierfür Unseren aufrichtigen Dank. FFGM Ludwigslust 14. Novbr 1875"

Schlie sorgt auch dafür, daß Schliemann nun auch erste offizielle Anerkennungen und Auszeichnungen seiner mecklenburgischen Heimat erhält. Dazu hat er Gelegenheit, als Schlie im Jahre 1877 vom mecklenburgischen Großherzog auf den Direktorenposten der Großherzoglichen Kunstsammlungen in Schwerin berufen wird. Er möchte die Sammlungen des Museums erweitern und bittet Schliemann um eine Kopie der Heliosmetope und um Abgüsse seiner plastischen Funde aus Troja. Sein Hinweis, daß „Ihnen nach meiner Überzeugung längst eine Auszeichnung von Seremissimo gebührt", verfehlt bei Schliemann seine Wirkung nicht. Mit einem Gipsabdruck der Heliosmetope und umfangreichen prähistorischen Funden bereichert er die Schweriner Sammlung.

Im November 1880 sendet Schliemann dem Großherzog das soeben erschienene große Werk „Ilios" mit seiner Selbstbiographie und einer persönlichen Widmung in einer Prachtausgabe. *„Seiner Königlichen Hoheit Friedrich Franz II., Großherzog von Mecklenburg-Schwerin, in tiefster Ehrfurcht*

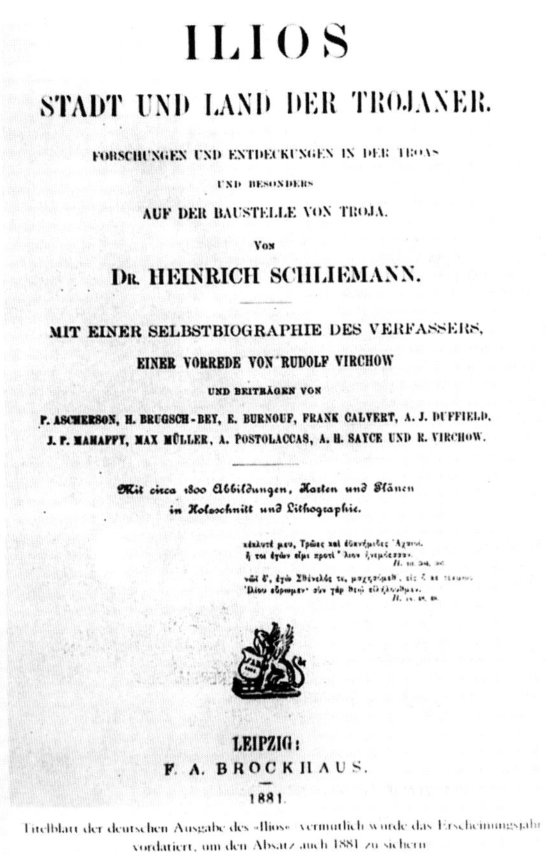

ILIOS

STADT UND LAND DER TROJANER.

FORSCHUNGEN UND ENTDECKUNGEN IN DER TROAS

UND BESONDERS

AUF DER BAUSTELLE VON TROJA.

Von

Dr. HEINRICH SCHLIEMANN.

MIT EINER SELBSTBIOGRAPHIE DES VERFASSERS,

EINER VORREDE VON RUDOLF VIRCHOW

UND BEITRÄGEN VON

F. ASCHERSON, H. BRUGSCH-BEY, E. BURNOUF, FRANK CALVERT, A. J. DUFFIELD, J. P. MAHAFFY, MAX MÜLLER, A. POSTOLACCAS, A. H. SAYCE UND R. VIRCHOW.

Mit circa 1800 Abbildungen, Karten und Plänen in Holzschnitt und Lithographie.

κέκλυτέ μευ, Τρῶες καὶ ἐϋκνήμιδες Ἀχαιοί.
ἤ τοι ἐγὼν εἶμι προτὶ Ἴλιον ἠνεμόεσσαν.
Il. III. 304, 305.

νῶϊ δ', ἐγὼ Σθένελός τε, μαχησόμεθ', εἰς ὅ κε τέκμωρ
Ἰλίου εὕρωμεν· σὺν γὰρ θεῷ εἰλήλουθμεν.
Il. IX. 48, 49.

LEIPZIG:
F. A. BROCKHAUS.
1881.

Titelblatt der deutschen Ausgabe des »Ilios« (vermutlich würde das Erscheinungsjahr vordatiert, um den Absatz auch 1881 zu sichern

Titelseite der deutschen Ausgabe „Ilios“ mit Schliemanns Autobiographie, 1881

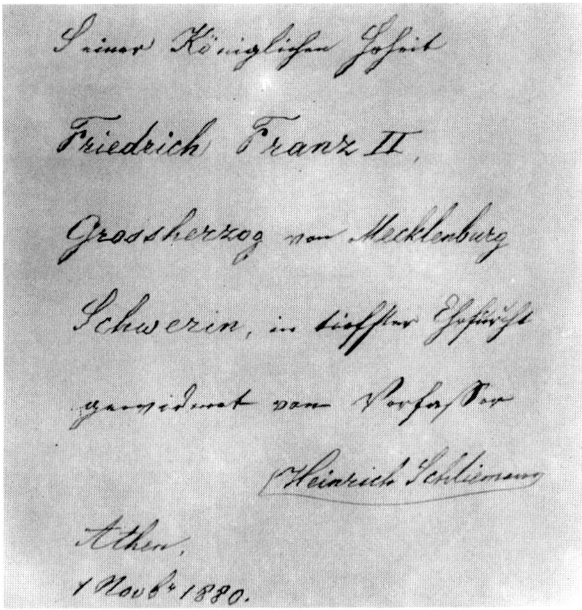

Seiner Königlichen Hoheit
Friedrich Franz II,
Grossherzog von Mecklenburg
Schwerin, in tiefster Ehrfurcht
gewidmet vom Verfasser
Heinrich Schliemann
Athen,
1 Novbr 1880.

Widmung Schliemanns in dem Buch „Ilios“, ein Geschenk für Friedrich Franz II.

gewidmet vom Verfasser Heinrich Schliemann. Athen, 1. November 1880.“

Wieder erhält Schliemann kein Dankschreiben aus Schwerin. Erbost teilt Schliemann Ende März 1881 Friedrich Schlie mit: *„Ich bekenne aufrichtig, dass ich demselben meine trojanische Sammlung zugedacht hatte. Da mich aber der Großherzog auch jetzt wieder als einen Lump behandelt und nicht einmal geruht hat mir den Empfang meines Ilios zu bestätigen … so habe ich die Sammlung dem deutschen Volke zur Aufbewahrung in Berlin geschenkt …“*

Schlie leidet unter dieser Disharmonie zwischen Heinrich Schliemann und dessen „engerem Vaterlande und unserm gemeinsamen Landesvater“. Er setzt sich persönlich vermittelnd beim Großherzog für Schliemann ein. Schliemann teilt er am 8. April 1881 aus Schwerin mit: „Heute war der Großherzog bei mir auf der Galerie und sagte mir, daß er die große Goldene Medaille „den Künsten u. Wissenschaften (am Bande zu tragen) für Sie mit einem speziellen Dankschreiben angefertigt habe …“

Am 21. April 1881 antwortet Schliemann in einem Brief an Friedrich Franz II.: *„Euer königlichen Hoheit hochgeschätztes Schreiben vom 8. d. Mts. hatte ich die Ehre zu empfangen, und beeile mich Euer Königlichen Hoheit für die mir gnädigst verliehene Medaille mit der Inschrift „den Wißenschaften und Künsten“, in Gold mit dem Bande, meinen tiefsten, unterthänigsten Dank auszusprechen. Ich werde stets bemüht sein mich dieser hohen Auszeichnung würdig zu zeigen.“*

1883 stirbt Friedrich Franz II. Ihm folgt sein Sohn Friedrich Franz III., den Schliemann nicht kannte und zu dem er auch keinen Kontakt mehr hatte. Ein beabsichtigtes Zusammentreffen mit Schliemann in dessen Athener Wohnpalast „Iliou Melathron" Anfang November 1890 kommt wegen Unpäßlichkeit des Großherzogs nicht zustande. Seine Gattin, Großherzogin Anastasia, aber stattet Schliemann einen Besuch ab, kurz vor seiner Abreise nach Halle/Saale in das Krankenhaus.

Über ihn berichten die „Mecklenburgischen Nachrichten" am 7. Januar 1891: „Zugleich kündigt er die Sendung dieser Gipsbüsten an das Großherzogliche Museum an und bemerkt dabei, daß er jede Büste in zwei Exemplaren senden werde, wovon eins dem Museum verbleiben und das andere Ihrer Königlichen Hoheit der Frau Großherzogin übergeben werden solle."

Schliemanns Beziehungen zum Neustrelitzer Hofe waren dagegen enger und herzlicher als die zu Schwerin, vielleicht weil dort Kunst und Wissenschaft mehr gepflegt wurden. So erwähnt Schliemann z. B. in einem Brief an Rust (Athen, 31. Dezember 1876) mit Dankbarkeit: *„Euer Großherzog [Friedrich Wilhelm] schickte v. J. in London seine beiden Adjutanten zu mir und ließ mich zu sich bitten. Er schien meine Arbeiten mit Enthusiasmus zu verfolgen."* Die „Neustrelitzer Zeitung" schrieb regelmäßig in ihren Hofberichten über die kurzen Aufenthalte oder Durchreisen Schliemanns, natürlich auch, daß der berühmte Archäologe

Gast bei der Großherzoginmutter [Marie von Hessen-Kassel, Witwe des Großherzogs Georg] gewesen sei, die dieser sehr verehrte. Schliemann nahm auch an deren Erkrankung und Tod im Jahre 1880 Anteil, was sich in seinen Briefen an seinen Freund Rust widerspiegelt.

Während seines kurzen Sommeraufenthaltes 1879 in Neustrelitz lernt Schliemann die Witwe des mecklenburg-strelitzischen Ministerpräsidenten, Frau Auguste von Bernstorff, geb. von Dewitz, kennen. Sie beeindruckt Schliemann wegen ihres Interesses an Kunst und Wissenschaft sehr. Mit ihr tritt er in eine anregende Briefkorrespondenz, die leider nicht mehr erhalten ist. Die neue Bekanntschaft mag Schliemann veranlaßt haben, dem Museum in Neustrelitz einige seiner trojanischen Funde zu schenken. An seinen Freund Wilhelm Rust schreibt er am 26. Juli 1882 aus Troja: *„Ich hatte schon seit Jahren dem Museum in Strelitz einige trojanische Altertümer versprochen und sende Dir einliegend ein Connossament über mit dem Dampfboot via Triest an dasselbe abgefertigte HS No 20, eine Kiste trojanischer Handmühlen und anderer Werkzeuge.“*

Für die kleine Residenzstadt Neustrelitz war diese relativ unbedeutende Schenkung Schliemanns ein großes Ereignis, über das die Neustrelitzer Zeitung vom 15. Oktober entsprechend berichtet: „Unser berühmter Landsmann Dr. Heinrich Schliemann, der unermüdliche Trojaforscher, hat vor kurzem der Großherzoglichen Altertümersammlung eine kleine

Kollektion von Altsachen aus der Troas gesendet. Es sind acht Mahlsteine, sogenannte Handmühlen ... Reib- und Quetschsteine, wie sie in Tausenden in dem Schutt der prähistorischen Stätte von Hissarlik gefunden worden sind. Sie stellen die primitivste Form von Geräten dar, welche zur Verarbeitung des Getreides gedient haben, und bieten uns einen Vergleich mit den im hiesigen Museum befindlichen Mahl- und Reibsteinen, welche dem vaterländischen Boden entnommen sind."

Am 21. Oktober teilt er Rust mit: *„Ich werde die trojanische Sammlung im Strelitzer Museum nach und nach zu verbessern suchen und sende Dir heute fünf trojanische Wirtel mit der Bitte, sie derselben beifügen zu wollen."*

Die von Schliemann übersandten Funde sind 1945 bei dem Brand des Schlosses verlorengegangen.

IX
ZWEITES WIEDERSEHEN MIT DER HEIMAT 1879

„Ankershagen war mir zu neu, kaum erkannte ich einen Baum wieder, auch nicht die altersschwache Linde oder den Teich …“

Es ist Sommer 1879. Inzwischen sind weitere 27 Jahre vergangen, ehe Heinrich Schliemann ein zweites Mal nach dem Verlassen seiner Heimat Mecklenburg wiedersieht. Mehrmals hat er geplante Besuchsvorhaben aufschieben müssen.

Schliemann ist bis Mitte August mit seiner Familie in Kissingen zur Kur und erholt sich dort von den Anstrengungen in Troja. Hier lernt er Bismarck kennen und ist von ihm sehr beeindruckt. Er begibt sich auf eine Reise nach London, wo er sich mit den Verlegern seiner englischen Ausgabe „Ilios“ beraten will. Schliemann nutzt die Gelegenheit, um seiner Familie auf einer kurzen Rundreise die Stätten seiner Kindheit in Fürstenberg, Neustrelitz, Röbel und Neubrandenburg zu zeigen. Sie machen auch einen kurzen Abstecher für zwei Tage nach Ankershagen.

Die „Roebeler Zeitung“ berichtete am 17. August 1879: „Auf seiner Durchreise nach (Neu)Strelitz stattete Herr Dr. Schliemann am vorigen Freitag der Stadt Fürstenberg in Mecklenb., wo er im Hause des Herrn Th. Hückstädt seiner Zeit das Colonialwarengeschäft erlernte, aus alter

Locales.

— **Röbel.** Auf seiner Durchreise nach Strelitz stattete Herr Dr. Schliemann am vorigen Freitag der Stadt Fürstenberg in Mecklb., wo er im Hause des Herrn Th. Hückstädt seiner Zeit das Colonialwaarengeschäft erlernte, aus alter Erinnerung einen Besuch ab. Herr Dr. Schliemann suchte bei dieser Gelegenheit in Begleitung seiner schönen Gattin außer anderen Personen auch verschiedene ärmere Leute in bescheidenen Klausen auf, die er von früher her kannte und die ihm damals zugethan gewesen waren. Zur Erinnerung überreichte er theils Gemmen, aus klassischem Thon gefertigt, theils andere Schmuckgegenstände. Herr Schliemann war auch zum Besuche seiner hier wohnenden Schwester, der Amtssecretärin Petrowsky, anwesend. Dem Vernehmen nach hat er sich von hier nach Paris begeben.

Bericht der „Roebeler Zeitung“
vom 17. August 1879
über den Aufenthalt Schliemanns in Mecklenburg

Erinnerung einen Besuch ab. Herr Dr. Schliemann suchte bei dieser Gelegenheit in Begleitung seiner Gattin außer anderen Personen auch verschiedene ärmere Leute in bescheidenen Klausen auf, die er von früher her kannte und die ihm danach zugethan waren. Zur Erinnerung überreichte er theils Gemmen, aus klassischem Thon gefertigt, theils andere Schmuckgegenstände. Herr Schliemann war auch zum Besuche seiner hier wohnenden Schwester, der Amtssecretärin Petrowsky, anwesend. Dem Benehmen nach hat er sich von hier nach Paris begeben." [Paris ist ein Informations- oder Schreibfehler, Schliemann reiste nach London weiter – W. B.]

In Fürstenberg trifft Schliemann Herrn Hückstädt nicht mehr lebend an, er war 1872 verstorben. Seine Tochter Mathilde ist mit dem Nachfolger ihres Vaters verheiratet. Zwischen Mathilde Meyer und Heinrich Schliemann entwickelt sich eine freundschaftliche Beziehung. Einige Monate nach seinem Besuch bittet sie Schliemann brieflich, die Patenschaft über ihre soeben geborene Tochter zu übernehmen. Dieser antwortet ihr aus Athen am 10. April 1880: *„Hochgeehrte Frau Meyer. Ihnen zur Geburt Ihres dritten Töchterchens herzlich gratulierend, nehme ich die mir angetragene Pathenstelle bei demselben dankend an, jedoch nur, unter der ausdrücklichen Bedingung, dass das Kind den Namen, den ich ihm gebe, trägt, nämlich Nausikaa. Voraussetzend dass Sie damit einverstanden sind, lasse ich Ihnen von Hamburg M 300 zugehen, welche Sie, auf den Namen*

Nausikaa Meyer, auf Zinsen geben wollen. Möge diese kleine Summe der Grundstein ihres irdischen Glücks werden, möge die kleine Nausikaa schön, edel, tugendhaft u reich werden wie es die große Nausikaa, dieser erhabenste Charakter der Odyssee, war.“

Nausikaa war die Tochter des Phäakenkönigs Alkinoos in der „Odyssee“. Mathilde erfüllt diese Forderung des berühmten Patenonkels. Im Taufregister wird der Name „Theodora Nausikaa Meyer“ eingetragen, als Taufpate der „Archäologe Dr. Schliemann in Athen“. Nausikaa verstirbt als kleines Kind.

Auch in Neubrandenburg hat Schliemann gute Bekannte. Dazu zählt der Präpositus Frölich und dessen Frau Luise, eine Schwester Minna Meinckes, die er aus Ankershagen kannte, sowie der Bürgermeister Wilhelm Ahlers und dessen Frau Friederike.

Über seine Reise äußert sich Schliemann in einem Brief an seinen Schwager Kuhse: *„In (Neu-)Strelitz, zumal bei der Großherzogin-Mutter, die sofort ein Fest zu unseren Ehren veranstaltete, hat es uns sehr gefallen, ebenso in (Neu-)Brandenburg … Ankershagen war mir zu neu, kaum erkannte ich einen Baum wieder, auch nicht die altersschwache Linde oder den Teich. Beckers waren sehr liebenswürdig; wir genossen des Gutsbesitzers Winckelmann Gastfreundschaft.*“

Vor der Abreise aus Ankershagen ritzen er und Frau Sophia mit einem Brillanten in eine Fensterscheibe des Pfarrhauses ihre Namen und das Datum (19. August 1879) ein.

In einem Brief schreibt Schliemann am 18. Dezember 1879 an Luise Frölich: „... *Bitte, bemerke Dir, daß der alte Conradi nicht blos 2 sondern 5 Portraits aus der alten Predigerfamilie Schröder in Ankershagen hat ... und muß ich die Originale auf all und jeden Fall haben, kaufe sie mir jedenfalls wenn der alte Mann stirbt ... Ich habe Eurem Photographen heute geschrieben nach Ankershagen zu fahren um mir Photogr, auch eine von Zahren zu machen ...*"

Wahrscheinlich ist Schliemann in Neustrelitz mit dem Sprachforscher Daniel Sanders zusammengetroffen. Er kannte ihn aus gemeinsamer Schulzeit am Neustrelitzer Gymnasium. Sanders war der Sohn eines wohlhabenden jüdischen Kaufmanns. Er studierte nach dem Abitur Mathematik und Naturwissenschaften und übernahm danach die Leitung der jüdischen Schule in Altstrelitz. Das Revolutionsjahr 1848 sieht Sanders als fortschrittlichen Redakteur in vorderster Front. Als ihm nach Schließung der jüdischen Schule die Grundlage für eine weitere Lehrtätigkeit entzogen wird, wendet er sich wissenschaftlichen Sprachforschungen zu. 1860 bis 1865 gibt er ein „Wörterbuch der deutschen Sprache" in drei Teilen heraus, weitere Wörterbücher folgen. Sanders wird 1877 der Professorentitel verliehen, er erhält hohe Auszeichnungen.

Nach 1879 korrespondieren beide Forscher miteinander. Leider haben die Erben Sanders' die Briefe Schliemanns vernichtet, weil sie diese als Altpapier ansahen. Erhalten geblieben ist eine Äußerung Schliemanns über Sanders, die er gegenüber Wilhelm Rust in einem Brief am 29. November 1889 macht: *„Ich habe die höchste Verehrung für diesen ausgezeichneten Gelehrten, der unserem Mecklenburg die größte Ehre macht …“*

Wie sehr sich Schliemann in dieser Zeit – bei den ständigen öffentlichen Angriffen von Seiten der deutschen Fachgelehrten – über Anerkennungen aus seiner Heimat Mecklenburg freut, geht aus seiner Reaktion auf ein Glückwunschschreiben der „Vereinigung der Mecklenburger in Berlin“ im Jahre 1880 hervor. Schliemann antwortet am 6. September in plattdeutscher Sprache: „… *Dat freud mi gor to sier to sehen dat mine Arbeten in min lew Vaderland so hoog anerkennt un geschätzt warden un ik versicher Se dat ik in mine Arbeten unmägelik een stärkeren Spurn kriegen künnt as den Bifall von mine Landslüt … Eer treue Landsmann un Fründ Heinrich Schliemann.“*

X.
REISEPLÄNE NACH MECKLENBURG UND AUFENTHALT IN ANKERSHAGEN 1883

„Ich bin furchtbar überarbeitet und muß durchaus den ganzen Juli hindurch in Ankershagen, von aller Arbeit fern ausruhen, denn sonst bricht die Maschine zusammen.“

Mit zunehmendem Alter und besonders nach seiner intensiven Beschäftigung mit seiner Kindheit für die Selbstbiographie in seinem Buch „Ilios“ nimmt Ende der siebziger Jahre sein Wunsch eine festere Gestalt an, Ankershagen für eine längere Zeit zu besuchen.

Der anstrengenden Grabungstätigkeit in Troja und der geistigen Beanspruchung bei der Arbeit an seinem Hauptwerk „Ilios“ müde, möchte er einmal ausspannen, sich erholen, sich zurückziehen in die Abgeschiedenheit seiner mecklenburgischen Heimat.

Am 22. Januar 1881 wendet sich Heinrich Schliemann mit dem folgenden Brief an Pastor Becker, seinem Vetter in Ankershagen:

„Mein lieber Vetter Hans Becker

… Wie gerne wohnten wir alle Jahr im Sommer 1 Monat oder 6 Wochen lang in Ankershagen wenn dort ein Haus zu kriegen wäre. Dein Gartenhaus würde uns ganz ausgezeich-

net gepaßt haben, aber leider hast Du es niedergerissen ... Dort sind so viele Bäume und Steine, deren ich mich aus meiner Kindheit erinnere und die ich gerne wiederaufsuchen mögte. Auch mögte ich vor Allem die alten Kirchenbücher durchstudiren, in denen seit meiner Kindheit eine große Lücke eingetreten zu sein scheint, denn damals bestand noch das schmale dicke in weißes Schweinsleder gebundene Kirchenbuch des alten Pastors Schröder welches jetzt garnicht mehr existirt ... Die 5 Bilder der Schröderschen Familie, die bestimmt waren Eure Kirche zu zieren, zieren jetzt meinen Bibliothekssaal und sind mir theurer als alle daneben hängenden Prachtwerke aus Rom."

Zu dieser Zeit hat sich Schliemann bereits entschlossen, durch den Freund Rudolf Virchow ausgesöhnt mit Deutschland, dessen Gelehrten ihn lange Zeit verhöhnt und angegriffen hatten, seine Trojanischen Sammlungen dem deutschen Volke zu schenken. Zur Aufstellung dieser Sammlung in den Sälen des Kunstgewerbemuseums fährt Schliemann in Begleitung Sophias einige Monate später selbst nach Berlin. Im Roten Rathaus wird ihm die Ehrenbürgerschaft der Stadt Berlin verliehen.

Rust nutzt diese Gelegenheit und lädt ihn zu einem Besuch seiner mecklenburgischen Heimat nach Neustrelitz ein. Um eine solche Reise für Schliemann reizvoll zu machen, weist er ihn mit einem offensichtlichen Hintergedanken darauf hin, daß Heimatforscher das viel gesuchte Rethra, ein Hauptheiligtum der Slawen, nun endlich auf dem Schloßberg bei

Feldberg gefunden zu haben glauben. Schliemann interessiert dieses Objekt der Altertumsforschung offenbar nicht, wie wir seinem Anwortbrief vom 19. Juni 1881 aus Berlin entnehmen können: „... *Nur dann nicht nach Feldberg, denn wo so viele und große Leuchten der Wissenschaft vergeblich nach Rethra gesucht haben, da wäre es doch wahrlich eine unverzeihliche Vermessenheit, meinerseits solches zu wagen.*“

Im Jahre 1881 läßt sich Schliemanns Absicht, seinem Heimatort Ankershagen einen längeren Besuch abzustatten, nicht verwirklichen. Nach dem Aufenthalt in Berlin geht Schliemann bis Mitte August zur Kur nach Karlsbad, anschließend in die Schweiz.

Schliemann beginnt im Jahre 1882 seine dritte Grabungskampagne in Troja, gemeinsam mit Wilhelm Dörpfeld. Er plant sie für die Monate März bis Juli. „... *Dann möchte ich aber einen Monat ausruhen, ehe ich mich in Paris der schweren Arbeit unterwerfe, die französische Ausgabe von „Ilios“ zu vollenden. Wir sind noch in Zweifel, ob wir den Monat in Neapel oder in Ankershagen ausruhen wollen. Für den Fall wir uns für letzteres entscheiden sollten, bitte ich Dich, gütigst in Erfahrung zu bringen, ob wir beim Pfarrer, Hans Becker, gegen dreitausend Mark Honorar auf einen Monat vier Stuben im Pfarrhaus sowie Kost für meine Frau, mich, die Gouvernante, meine beiden Kinder und eine Wärterin finden. Ich trinke keinen Wein; nur Bier. Ich kann nicht an den Mann schreiben, weil er zwei Briefe unbeant-*

wortet gelassen und nicht einmal den Empfang von „Ilios" angezeigt hat. Im Schlosse, beim ausgezeichneten Winkelmann, ist es zu gênant, und möchte ich durchaus nur im Pfarrhause, wo ich acht Jahre meiner frohen Kindheit zugebracht, wohnen ...

Wenn Du Dich bei Becker erkundigst, dann frage ihn gleichzeitig, ob er Platz hat für zwei Reitpferde und Futter für dieselben. Sage mir auch, ob ich in Strelitz oder wo sonst zwei Reitpferde auf einen Monat mieten kann. Frage auch gelegentlich den vortrefflichen Winkelmann, mit vielen herzlichen Grüßen an ihn und seine vortreffliche Frau, ob er mir erlaubt, den ‚Hügel mit der goldenen Wiege' auszugraben?"

Trotz dieses lukrativen Geldangebotes und großzügiger Geschenke – außer dem teuren Werk „Ilios" hat er für eine Tochter von Becker als Hochzeitsgeschenk einen ansehnlichen Geldbetrag überweisen lassen – zögert sein Vetter sehr lange mit einer Zusage. Die mehrwöchige Unterbringung und Beköstigung einer so weltberühmten Persönlichkeit und deren exotischen Familie unter so bescheidenen Verhältnissen, bereitet ihm doch einige Probleme. Er beantwortet mehrere Briefe Schliemanns nicht, bedankt sich nicht einmal für die Geschenke.

Aber bereits Ende Februar 1882 muß Schliemann selbst seine Besuchspläne für das Jahr streichen. „*Zu meinem unendlichen Bedauern glaube ich kaum, daß ich schon diesen Sommer auf einen Monat noch Ankershagen übersiedeln kann, da die großen Arbeiten in Troja bis 1. August dauern ...*"

Im September begibt sich Schliemann mit seiner Frau auf eine erneute Kur nach Karlsbad und arbeitet dort an seinem „Troja"-Buch. Danach ist es zu spät für einen Aufenthalt in Ankershagen.

Schliemann gibt seine Reisepläne nicht auf. Im Oktober kündigt er Rust seinen Aufenthalt in Ankershagen für den Sommer 1883 an.

Zunächst einmal muß Schliemann während des Winters die im Sommer abgeschlossene dritte Grabungskampagne auswerten. Er schreibt an dem Buch „Troja", das zugleich in englischer und deutscher Sprache erscheint, und an der französischen Fassung der „Ilios". In Zusammenarbeit mit seinem neuen Mitarbeiter Dörpfeld sind bei der letzten Grabung neue Erkenntnisse über die Besiedlung Trojas gewonnen worden, die Schliemanns bisherigen publizierten Ansichten entgegenstehen. Schliemann muß sich korrigieren, was den Angriffen und Schmähschriften seiner Gegner nur noch weitere Nahrung gibt.

Schliemann beginnt seinen Besuch in Ankershagen zu planen. Bei Pastor Becker fragt er am 10. März 1883 an: *„Kannst Du nicht meinen einstigen Lehrer Carl Andres von N. Strelitz während unseres Dortseins logiren; denn ich mögte ihn gerne 1 Monat bei mir haben, da er der einzige ist der im Stande wäre geläufig altgriechisch zu sprechen; auch weiß er alle gr(iechischen) Tragiker auswendig und schreibt Briefe die dem Plato Ehre machen würden ... Wie sehne ich mich darnach, mich einmal 1 Woche lang am Mühlensee*

Heinrich und Sophia Schliemann, 1883

hinzulegen und auszuruhen, denn ich habe mich seit Jahren überarbeitet."

Und Anfang Mai 1883 schreibt er auch an E. Brockhaus nach Leipzig: „... *Ich bin furchtbar überarbeitet und muß durchaus den ganzen Juli hindurch in Ankershagen, von aller Arbeit fern ausruhen, denn sonst bricht die Maschine zusammen*".

Ende Mai 1883 reist Heinrich Schliemann mit seiner Frau Sophia, den Kindern Andromache und Agamemnon sowie einer Gouvernante, von Athen ab und trifft Anfang Juni in Neustrelitz ein. Während Schliemann sofort weiter nach England reist, um am 14. Juni die Ehrendoktorwürde der Universität Oxford entgegenzunehmen, hält sich seine Familie bis zu seiner Rückkehr aus Oxford in Warnemünde auf, wo Schliemanns älteste Schwester Elise zur Kur weilt.

Seine Familie begibt sich am 19. Juni nach Ankershagen, nachdem Heinrich Schliemann inzwischen dort eingetroffen ist. Heinrich Schliemann hat am 8. Juni eine Anzeige mit folgendem Wortlaut in der Neustrelitzer Zeitung veröffentlichen lassen: „Herr Dr. H. Schliemann – Athen gedenkt am 20. Juni in Ankershagen einzutreffen und im dortigen Pfarrhause einen vierwöchentlichen Aufenthalt zu nehmen, um in stiller ländlicher Zurückgezogenheit von angestrengter Arbeit auszuruhen und Erholung zu suchen. Verwandte, Freunde und Bekannte werden dringend gebeten, auf allen und jeglichen Besuch verzichten zu wollen."

Mit der beabsichtigten Ruhe ist es aber bald vorbei. Am

In Angelegenheiten des Gesammt-Aerars der Großherzoglichen Patronatkirchen hieselbst bin ich während des bevorstehenden Johannis-Termins Morgens bis 9 Uhr und Nachmittags von ½3 Uhr ab in meiner Wohnung (Georgsstraße 14) zu sprechen.

Neustrelitz, 6. Juni 1883.

Hofrath Horn.

Wegen Reparatur der Havelbrücke zwischen Gr. und Kl. Quassow ist der Weg über dieselbe von Gr. nach Kl. Quassow vom Montag den 11. d. Mts. ab für Fuhrwerke und Reiter auf 14 Tage gesperrt.

Amt Strelitz den 6. Juni 1883.

Großherzogliches Amt.

C. von Oertzen.

Herr **Dr. H. Schliemann**-Athen gedenkt am 20. Juni in Ankershagen einzutreffen und im dortigen Pfarrhause einen vierwöchentlichen Aufenthalt zu nehmen, um in stiller ländlicher Zurückgezogenheit von angestrengter Arbeit auszuruhen und Erholung zu suchen.

Verwandte, Freunde und Bekannte werden dringend gebeten, auf allen und jeglichen Besuch verzichten zu wollen.

Annonce in der „Neustrelitzer Zeitung“ vom 8. Juni 1883

3. Juli schreibt Schliemann aus Ankershagen an Rust: „… *Leider finde ich auch hier die langersehnte Ruhe nicht, denn die Probebogen stürmen von drei Seiten auf mich los, und kamen gestern nicht weniger als sechs Packen davon an, die alle korrigiert werden müssen.*“

Es handelt sich um Stöße von Korrekturabzügen in drei Sprachen seiner Bücher „Troja“ und „Ilios“, die der Postbote ins Pfarrhaus bringt. Dazu ist ein umfangreicher Briefwechsel mit den Verlegern zu erledigen. Besuchseinladungen seines Freundes Rust nach Neustrelitz muß er wiederholt ablehnen. Dagegen macht er mit seiner Frau Sophia einen kurzen Abstecher zu seinem Geburtsort Neubukow. Senator Matz hat sie dort im Rathaus empfangen und ihnen die Stadt gezeigt.

Einen annähernd authentischen Bericht über die Begebenheiten des Sommers 1883 in Ankershagen gibt eine briefliche Schilderung Auguste Beckers, der Tochter des Pastors Becker, im Jahre 1911:

„Neubrandenburg, den 24. 10. 1911

… Sein Tag war genau eingeteilt. Um vier Uhr stand er auf, ritt nach Bornhof, ließ sich auf den See fahren und badete … Auf diesen Morgentouren suchte er gern alte Bekannte auf und unterhielt sich mit ihnen von vergangenen Zeiten. Zurückgekehrt nahm er sein Frühstück und arbeitete dann ununterbrochen bis Mittag. Seine Briefe trocknete er am Herdfeuer, denn, Streusand ‚beleidigt den Empfänger!‘ Um sich Altgriechisch unterhalten zu können und wohl auch, um dem Mann einen Gefallen zu tun, hatte er den alten Professor Andreß (seinen früheren Lehrer} aus Neustrelitz eingeladen. Seine Kinder sprachen Neugriechisch, konnten sich wenig mit dem Vater unterhalten, da er Altgriechisch von ihnen forderte. Damit seine Frau Unterhaltung hätte, erschien urplötzlich ihr Bruder, Dr. Kastromenos, und mußte sie dem täglich deutsche Stunden geben. In der Heimat wollte Herr Schliemann ganz einfach leben und, so schwer es seiner Frau auch wurde, ließ sie ihren Tee und aß mit ihm allabendlich Buchweizengrütze, ‚Dick Grütt möögst Du äten!'

Ist Ihnen Schliemanns ‚Ilios' bekannt? Darin hat er seine Lebensgeschichte niedergelegt und auch seiner ersten Liebe gedacht. Und diese seine erste Liebe ‚Minna' mußte auf einen Tag nach Ankershagen kommen. Es mußte eben alles sein wie in seiner Jugend. Mit großer Liebe sprach er von seiner Mutter und sorgte für ihr Grab. Sehr freigiebig war Schliemann, aber gegen Bettelei sehr empfindlich. Er hatte sich das Seine erarbeitet, andere konnten's auch tun ...

Auguste Becker."

Soweit die Erinnerung aus der Sicht der Beckerschen Familie. Der Brief ist Bestandteil der im Mecklenburgischen Landesarchiv Schwerin aufbewahrten Briefsammlung von Rust.

Obwohl Heinrich Schliemann großen Wert auf einfache mecklenburgische Lebensart legt, kann sich seine Familie mit der einfachen Küche vom Lande nicht abfinden. Selbst Schliemann, diesen ländlichen Lebensbedingungen längst entwöhnt, beklagt in seinen späteren Briefen: „*Beim Pastor hat es uns nicht gefallen …*“ oder „*… beim Pfarrer ist es doch etwas zu unbequem, auch setzte er uns stets nur abgerömte [abgesahnte] Milch vor …*“

Der etwa vierwöchige Besuch in Ankershagen ist Mitte Juli beendet. Ihm schließt sich ein Kuraufenthalt in Wildungen an. Auch hier ist Schliemann mit Arbeit überhäuft.

XI.
UNGESTILLTE SEHNSUCHT NACH ANKERSHAGEN UND NEUSTRELITZ

„Alle Götter sind meine Zeugen, daß ich mich gar sehr dahin sehne …"

Den in seinen Briefen an Wilhelm Rust mehrfach geäußerten Plan eines neuerlichen Besuches in Ankershagen im Sommer 1884 gibt Schliemann auf, da er beabsichtigt, zu dieser Zeit auf Kreta zu graben, wo er die Wurzeln der von ihm entdeckten mykenischen Kultur vermutet. Weil daraus nichts wird, weilt er von August bis Anfang September mit seiner Familie zu einem Kuraufenthalt in Warnemünde, unterbrochen von einer Reise nach London, wo er beim John Murray Verlag die Veröffentlichung seines Buches „Tiryns" vorbereitet. Rust, der sich ebenfalls mit seiner Familie des öfteren in Warnemünde aufhält, hat Schliemann dieses Seebad anempfohlen, wie wir dem Briefwechsel entnehmen können. Ein Grund könnte sein, daß er so eine größere Chance sah, mit Schliemann öfter zusammenzutreffen.

Von Warnemünde aus stattet er seiner Geburtsstadt Neubukow einen kurzen Besuch ab. Der Rostocker Anzeiger bringt am 24. August 1884 folgende Notiz: „Neubukow, 23. August: In dieser Woche besuchte uns von Warnemünde aus, wo er augenblicklich als Kurgast weilt, unser berühmter Landsmann, der in Athen lebende Dr. Heinrich Schliemann,

Sohn des ehemaligen Pastors Schliemann hierselbst. Derselbe ist bereits wieder nach Warnemünde zurückgekehrt."

Mehr ist über seinen Aufenthalt in Neubukow nicht auffindbar. Offensichtlich sind seine Beziehungen zu seiner Geburtsstadt nicht zu eng und intensiv.

In seinen Briefen ist es immer wieder Ankershagen, der Ort seiner Kindheit, der ihn in den Bann seiner Erinnerungen zieht, und wo er in der wenigen Zeit, die er sich zwischen seinen intensiven Arbeitsphasen gönnt, Ruhe finden möchte.

Schon Anfang 1886 äußert Schliemann in Briefen an Rust wiederum den Wunsch, für vier Wochen nach Ankershagen zu kommen. Der Gutsbesitzer Winckelmann hatte ihn eingeladen, bei ihm zu wohnen. Wegen der 3 000,– Mark, die Schliemann diesem für den Aufenthalt zahlen will und die jener ablehnt, kommt es zu einer Verstimmung, die Schliemann davon abhält, nach Ankershagen zu fahren. Er schreibt aus Berlin am 23. Februar 1886: „... *Beim Pastor hat es uns nicht gefallen, und werden wir daher nicht wieder nach Ankershagen kommen, denn lieber möchte ich einen Monat in einer Schäferhütte wohnen und trocknes Brot essen als Winkelmanns Gastfreundschaft annehmen.*" Aber im November schreibt er wieder an Rust: „... *Dies Jahr sind wir leider nicht dazu gekommen, Strelitz oder Ankershagen zu besuchen, jedoch werden wir hoffentlich nächsten Sommer den längst gehegten Wunsch, einmalwieder einen Monat in Eurer Gegend zuzubringen, erfüllen können. Ich muß aber vorher bestimmt wissen, ob es Herrn Oberamtmann Winkelmann konveniert, uns gegen*

3 000 Mark Kostgeld einen vollen Monat aufzunehmen und uns gut zu unterhalten, immer fette Milch, wirklichen Bordeaux-Wein, meiner Familie einen Wagen, mir ein Reitpferd mit starken, gesunden Beinen geben kann. Ich muß gewiß sein, daß es bei dem Herrn bequem und angenehm ist und daß wir ihn und seine Familie auf keine Weise genieren, denn sonst gehen wir lieber nach Capri."

Am 3. März 1887 lesen wir: „... *Du willst, ich soll im Sommer nach Mecklenburg kommen. Alle Götter sind meine Zeugen, daß ich mich gar sehr dahin sehne und ganz besonders nach Strelitz und Ankershagen.*" Aber bereits am 15. Mai 1887 muß er absagen: „... *Ungemein gerne brächte ich mit meiner Familie einen Monat in Winkelmanns Schloß zu. Aber leider wird auch in diesem Jahre nichts daraus werden, denn Virchow schickte meine Frau, die seit dem letzten Wochenbett leidend ist, nach St. Moritz in Engadine in der Schweiz, wo sie jedenfalls bis Ende August bleiben soll ...*"

Rust läßt die Verbindung zu Schliemann nicht abreißen. Immer wieder schickt er Einladungen an ihn und seine Familie. Schliemann schreibt am 10. Juni 1888 an Rust aus Athen: „... *Dennoch möchte ich Ankershagen gern wiedersehen, aber beim Pfarrer ist es doch etwas zu unbequem ... und bei Winkelmanns ist es uns zu genant, da die Leute zu reich sind, als daß ihnen daran gelegen sein könnte, 3 000 Mark für einen Monat Kost, Logis und Pferd einzunehmen.*"

Und Rust vermittelt, räumt den Anstoß der Mißstimmigkeiten aus dem Weg. Schliemann antwortet ihm am 23. Juni

1888: „… *Leider muß ich befürchten, daß wir in diesem Jahre nicht dazu kommen, denn ich habe hier noch viel zu tun und muß auch noch wieder nach Paris, ehe ich Mecklenburg besuchen kann, und der Monat Oktober ist schon zu spät für Südländer zum Aufenthalt auf dem Lande. Wenn wir aber leben, so hoffe ich ganz bestimmt, Juni oder Juli 1889 für Ankershagen zu reservieren.*"

Während des Sommers 1889 reist Schliemann mit seiner Familie nach Deutschland. Im Juli hält er sich einige Zeit in Berlin auf, wo er im Museum für Völkerkunde die neuen Funde aus Troja und Ägypten ordnet und sichtet. Von dort richtet er am 14. Juli an Rust folgende Zeilen: „*Es ist mir schmerzlich, Dich hier verfehlt zu haben, zumal ich, falls Du nächsten Sonnabend Strelitz verläßt, wenig Aussicht habe, Dir in diesem Sommer zu begegnen, denn ich habe hier noch einige Tage recht schwer im Museum zu arbeiten, muß dann einen Tag in Hannover bleiben und darauf nach Schwerin, wohin meine Frau und Kinder heute abgereist sind. Von dort dachten wir meine Schwestern in Röbel und Dargun zu besuchen und darauf nach Boulogne-Sur-Mer zu reisen, wo meine Frau längere Zeit bleiben will. Dort haben wir die Pariser Ausstellung in der Nähe, die ich jedenfalls meiner Frau und Kindern zeigen möchte.*"

In Schwerin plante Schliemann ein Zusammentreffen mit Friedrich Schlie (Brief an Schlie vom 6. Januar 1889). Ob es stattgefunden hat, ist nicht belegt.

Neustrelitz und Ankershagen läßt er aus, den Grund können wir den Briefen nicht entnehmen. Wie meistens, wird es Zeitmangel gewesen sein.

Schliemann entschließt sich Ende 1889, um den ständigen Attacken des Hauptmann a. D. Bötticher entgegnen zu können, die Arbeit in Troja noch einmal aufzunehmen, um vor einem internationalen Kreis von Gelehrten die Richtigkeit und Sachlichkeit der bisherigen Forschungen zu beweisen. Am 10. Januar 1890 schreibt er an Rust: „... *Wegen der vorliegenden großen Arbeit kann ich noch gar nicht wissen, ob und wann ich in diesem Jahre noch Mecklenburg komme; ich sehne mich aber gar sehr danach, und mit großer Freude denke ich an unsern Besuch in Strelitz und Ankershagen.*“

Ende März 1890 findet in Troja die zweite internationale Gelehrtenkonferenz statt, die Schliemanns Werk uneingeschränkt anerkennt. Am 31. März stellt er die Grabungen ein, als ein Ohrenleiden ihn zum Abbruch zwingt. Schliemann muß sich am 13. November in Halle/Saale einer schwierigen Ohrenoperation unterziehen.

In einem seiner letzten Briefe schreibt Schliemann am 26. November aus dem Krankenhaus an Rust: „... *Ich empfange soeben Deinen lieben von gestern datierten Brief, der mich daran erinnert, wie nahe ich dem lieben Strelitz bin, und mir ungeheures Verlangen gibt, es wenn auch nur auf eine Stunde wiederzusehen, denn es liegen für die nächste Zukunft sehr schwere Arbeiten vor, und wer weiß, wann oder ob ich noch mal später nach dieser Gegend komme.*“

Heinrich Schliemann stirbt am 26. Dezember 1890 in Neapel auf der Heimreise nach Athen an den Folgen der Operation. Er sieht seine mecklenburgische Heimat nicht mehr wieder.

Die Neustrelitzer Zeitung Nr. 201 berichtet: „Noch kurz vor Jahresschluß ist die deutsche Gelehrtenwelt in tiefe Trauer versetzt worden, und nicht nur die deutsche Nation, sondern die gesamte gebildete Welt nimmt an derselben Anteil. Wie nämlich eine Nachricht aus Neapel meldet, ist am Freitag nachmittag Heinrich Schliemann in dieser Stadt gestorben."

Heinrich Schliemann †.

Noch kurz vor Jahresschluß ist die deutsche Gelehrtenwelt in tiefe Trauer versetzt worden, und nicht nur die deutsche Nation, sondern die ganze gebildete Welt nimmt an derselben Theil. Wie nämlich eine Nachricht aus Neapel meldet, ist am Freitag Nachmittag Heinrich Schliemann in dieser Stadt gestorben.

Auf der Rückreise nach Griechenland wurde unser berühmter Landsmann vom Tode ereilt. Vor Kurzem hatte sich Heinrich Schliemann bei Professor Schwartze in Halle a. S. einer Operation am Ohre unterzogen, wobei es sich um die Entfernung von Knochenauswüchsen im Gehörgang handelte. Die Operation und die Heilung verliefen in befriedigender Weise. Als Schliemann nach seiner Genesung Halle verließ, begab er sich nach Paris. Von dort wurde noch gemeldet, daß er bereits ein neues Arbeitsprogramm für das nächste Jahr plane, und nun hat der Tod allen diesen Plänen und Entwürfen ein rasches Ende bereitet.

In Neapel mußte Schliemann seine Weiterreise unterbrechen. Das Ohrenleiden war neuerdings aufgetreten,

Madame Sophie Schliemann et ses enfants Andromaque et Agamemnon ont l' honneur de vous faire part de la perte douloureuse qu' ils viennent d' éprouver en la personne de

Mr HENRI SCHLIEMANN

leur epoux et père bien aimé décedé à Naples le 14|26 Decembre 1890

les obsèques auront lieu à Athènes Dimanche 23|4 Jenvier 1891.

Todesanzeige Sophia Schliemanns an Minna Richers, geb. Meincke gerichtet

NACHKLANG

EIN DENKMAL FÜR HEINRICH SCHLIEMANN

„… berühmten, aber verstorbenen Landsmann Dr. Schliemann in seiner Vaterstadt Neubukow ein bescheidenes Denkmal zu errichten …“

Am 6. Februar des Jahres 1891 treffen sich in Schwerin angesehene Persönlichkeiten der Residenzhauptstadt des Großherzogtums Mecklenburg-Schwerin und erklären ihre Absicht, ihrem „berühmten, aber verstorbenen Landsmann Dr. Schliemann in seiner Vaterstadt Neubukow ein bescheidenes Denkmal zu errichten“.

Unter dem Vorsitz des Museumsdirektors Hofrat Dr. Friedrich Schlie konstituiert sich ein „Geschäfts-Comité“. Diesem Komitee gehören weiter an: Dr. von Bilguer, Konservator Bolten, Hofrat Büsing, Regierungsrat Dr. Schröder, Hofrat Schweden, Bankdirektor Steiner und Rittergutsbesitzer Wiechelt.

In einem Schreiben vom 11. Februar 1891 übersenden die Mitglieder des Komitees ihrem regierenden Großherzog Friedrich Franz III. den Entwurf eines öffentlichen Spendenaufrufes zur Errichtung dieses Denkmals. Als „Beweis der großen Theilnahme aller gebildeten und gelehrten Stände ganz Deutschlands“ fügen sie ihrem Bittbrief ein

Aufruf zur Errichtung eines Denkmals

für

Heinrich Schliemann.

Der unerwartete Tod Heinrich Schliemanns — eines der unermüdlichsten Pioniere, den die klassische Archäologie auf ihrem Gebiete thätig gesehen hat, eines Mannes, der, ein rastloser Entdecker, Erfolge aufzuweisen hat, wie sie Niemand vor zwanzig Jahren zu träumen wagte, eines Mannes, dessen Uneigennützigkeit und Selbstlosigkeit in der Verwendung höchst bedeutender Geldmittel für Ausgrabungen und in der freudigen Hingabe seiner werthvollen Sammlungen an die Stadt Berlin als Mittelpunkt des Deutschen Reiches die Bewunderung erregt hat, eines Mannes, der sich bis an das Ende seines Lebens als treuer Mecklenburger fühlte und gab, und auf den daher insbesondere seine Landsleute alle Ursache haben stolz zu sein — hat in allen Kreisen Deutschlands, ja weit über Deutschland hinaus, die lebendigste Theilnahme erweckt.

Gab es doch eine Zeit, in welcher Jung und Alt, Vornehm und Gering, Gelehrt und Ungelehrt, mit einer ganz außerordentlichen Spannung auf die zahlreichen Berichte der Entdeckungen dieses eigenartigen Mannes wie auf eine Wundermähr lauschte, eine Zeit, in welcher sein Name in aller Munde war.

Das Gefühl des Dankes, welchen die Wissenschaft Schliemann schuldet, und das Bedürfniß, diesem Danke einen sichtbaren Ausdruck zu geben, sind die Ursachen, warum sich die Unterzeichneten in der Meinung vereinigen, daß es sehr wohl angebracht sein würde, ihm in seinem Heimathlande ein Denkmal zu setzen und dabei zunächst nur eine Büste ins Auge zu fassen.

In der Erwartung, daß dies Unternehmen überall sympathisch begrüßt werden wird, erlauben sich die Unterzeichneten zu Beiträgen dazu aufzufordern.

Dieselben sind bereit, Gaben in Empfang zu nehmen und an die Centralstelle — Bankdirector Steiner-Schwerin i./M. — abzuführen.

Schwerin, i./M., im Februar 1891.

Unter dem Protectorat Sr. Königl. Hoheit des Großherzogs Friedrich Franz von Mecklenburg-Schwerin.

Museumsdirektor Hofrath Aldenhoven-Köln a. Rh.
Studienrektor Prof. Dr. Arnold-München.
General von Bilguer-Schwerin.
von Bilguer, Dr., Schwerin.
Baron von Bistram-Berlin.
Rentner Bolten-Schwerin.
Museumsdirektor Prof. Dr. Brinckmann-Hamburg.
Oberlehrer Brunzlow-Schwerin.
Staatsrath Dr. von Buchka-Schwerin.
Staatsminister von Bülow-Schwerin.
Staatsrath von Bülow-Schwerin.
Hofrath Büsing-Schwerin.
Oberst von Cohausen-Wiesbaden.
Prof. von Duhn-Heidelberg.

Aufruf zur Errichtung eines Denkmals vom Februar 1891

alphabetisches Verzeichnis der 57 Unterzeichner des Aufrufes für das Schliemann-Denkmal bei. Es sind dies hochgestellte Persönlichkeiten aus ganz Deutschland, Professoren der Altertumswissenschaft und Museumsdirektoren, hohe Staatsbeamte, Bürgermeister und hohe Militärs, Bankdirektoren, Verleger und Hofbuchhändler. Gleichzeitig bittet das Komitee ihren Großherzog „allergnädigst, das Protectorat über das Vorhaben zu übernehmen“ und spricht die Befürchtung aus, „es könnte ein ähnlicher Plan für Berlin hervortreten und das Interesse des weiteren Deutschlands absorbiren“. Das bedeutet: es ist Eile geboten.

Friedrich Franz III., der sich in Cannes aufhält, erklärt unter diesen Umständen bereits am 15. Februar 1891 sein Einverständnis. Er stellt einen einmaligen Betrag in Höhe von 1000 M in Aussicht, „sobald die Ausführung des Denkmals gesichert ist“. Noch im Februar wird der „Aufruf zur Errichtung eines Denkmals für Heinrich Schliemann“ veröffentlicht. Die Sammlungsaktion in Deutschland beginnt.

Am 8. November 1892 teilt der Geschäftsausschuß dem Großherzog mit, daß die aus Deutschland und anderen Ländern zusammengekommenen Beiträge die Höhe von 2 822 Mark erreicht haben. „Mit dieser Summe allein ist nun freilich ein Denkmal in Form von Büste und Postament noch nicht in Aussicht zu nehmen, wenn die Größe desselben ungefähr dem des Kücken-Denkmals in unserer Stadt gleichkommen soll. Allein wenn der von Ew. Königlichen Hoheit verheißene Betrag hinzukommt, steht bereits eine Summe von wenig unter 4 000 Mark zur Verfügung, und nach vorläufigen Benehmungen mit verschiedenen Bildhauern würden wir bei circa 5 000 Mark dem Ziele bereits sehr nahe sein." Um den Großherzog endgültig zu gewinnen, bittet das Komitee „huldvollst zu gestatten, daß vorläufig der Platz unter den alten Weiden vor dem Gymnasium zu Schwerin, welcher nach mündlicher Mittheilung Sr. Exellenz des Herrn Staatsministers A. von Bülow auch von Ew. Königlichen Hoheit als passend bezeichnet worden ist, und welcher in der That von vorneherein (sic!) dem Comité aus mehreren Gründen als der allergeeignetste erschienen ist, zur Aufstellung des Denkmals in Aussicht genommen werde".

Friedrich Franz III. weist daraufhin am 12. November seine Oberste Verwaltungsbehörde in Schwerin an, 1 000 Mark an Bankdirektor Steiner in Schwerin auszuzahlen. Die Ausführung des Vorhabens scheint kurz vor der Vollendung zu stehen. Doch offenbar entsprachen die bisherigen Kostenvoranschläge nicht der Realität, für 5 000 Mark kann dem berühmten Mecklenburger kein würdiges Denkmal errichtet werden. Neue Kostenkalkulationen setzen dafür 8–9 000 Mark voraus. Das Ergebnis der zweijährigen Sammelaktion muß für die Initiatoren enttäuschend gewesen sein.

Um die Aktion zu retten, wendet sich das Komitee im Februar 1893 schweren Herzens an den „Allerdurchlauchtigsten, Großmächtigsten Kaiser" nach Berlin mit der Bitte, „Majestät wollen allergnädigst geruhen, unser patriotisches Unternehmen durch eine Beihülfe zu fördern."

Se. Majestät der Kaiser Wilhelm II. reagiert auf dieses Hilfeersuchen erst am 6. Juni, nachdem vier Monate vergangen sind. Sein Reichskanzler Graf von Caprivi richtet ein Schreiben an das Großherzogliche Mecklenburg-Schwerinsche Ministerium der auswärtigen Angelegenheiten (sic!) in Schwerin und ersucht es um eine Mitteilung, „ob die in der Eingabe enthaltenen Angaben über die finanzielle Fundirung und Lage des Unternehmens für zutreffend zu erachten sind". Der Vorsitzende des Komitees, Professor Dr. Schlie, wird daraufhin aufgefordert, sich dazu zu äußern. Schlie antwortet: „Der ganz gehorsamst Unterzeichnete erlaubt sich ... zu bemerken, daß bis jetzt gegen 4 500 Mark gesammelt sind, und daß sich darunter der Beitrag Sr Königl. Hoheit des Großherzogs mit 1 000 Mark, der des Großherzogs von Baden mit 200, der des Fürsten von Lippe-Dettmold mit 200 und der von F. A. Brockhaus (Schliemanns Verlag) mit 300 Mark befinden".

Am 13. Oktober – wiederum vergehen vier Monate – bestätigt der Reichskanzler dem Großherzoglichen Ministerium, „daß Seine Majestät der Kaiser mittelst Allerhöchsten Erlasses vom 16. v. M. geruht haben, dem Komitee für Errichtung einer Bronzebüste Heinrich Schliemanns einen Beitrag von 1 000 M unter dem Vorbehalt zu bewilligen, daß die Zahlung erst erfolgt, nachdem die Beschaffung der zur Durchführung des Unternehmens im Uebrigen erforderlichen Mittel sichergestellt ist". Das Ministerium verlangt von Prof. Schlie, nach sechs Monaten erneut einen Situationsbericht zu erstellen!

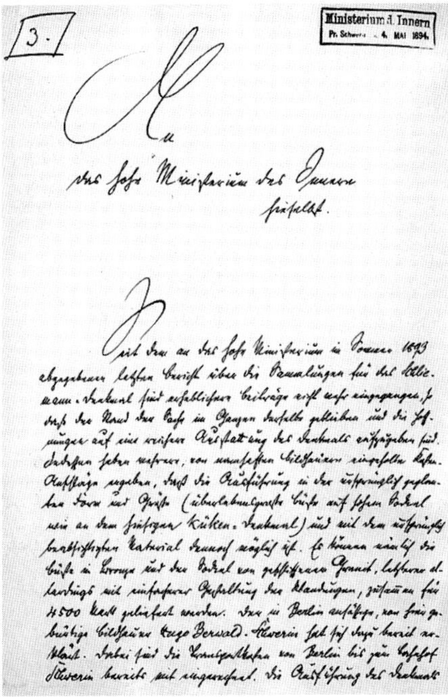

[3.]

Ministerium d. Innern
Pr. Schwerin 4. MAI 1894.

An
das hohe Ministerium des Innern
hierselbst.

Seit dem an das hohe Ministerium im Sommer 1893 abgegebenen letzten Bericht über die Sammlungen für das Schliemann-Denkmal sind erhebliche Beiträge nicht mehr eingegangen, so daß der Rest der Kasse im Ganzen derselbe geblieben und die Hoffnungen auf eine reichere Ausstattung des Denkmals aufzugeben sind. Indessen haben mehrere, von namhaften Bildhauern eingeholte Kosten-Anschläge ergeben, daß die Ausführung in der ursprünglich geplanten Form und Größe (überlebensgroße Büste auf hohem Sockel wie an dem früheren Kücken-Denkmal) und mit dem ursprünglich beabsichtigten Material dennoch möglich ist. Es können nämlich die Büste in Bronze und der Sockel von geschliffenem Granit, letzterer allerdings mit einfacherer Gestaltung der Wandungen, zusammen für 4500 Mark geliefert werden. Der in Berlin ansässige, von hier gebürtige Bildhauer Hugo Berwald-Schwerin hat sich dazu bereit erklärt. Dabei sind die Transportkosten von Berlin bis zum Bahnhof Schwerin bereits mit eingerechnet. Die Ausführung des Denkmals

Schreiben von Prof. Heinrich Schlie an das Ministerium des Innern vom 1. Mai 1894

Dieser gibt pünktlich am 1. Mai 1894 seinen Bericht. Er beginnt mit der ernüchternden Aussage, daß seit dem letzten Bericht im Sommer 1893 keine wesentlichen Beiträge mehr eingegangen sind und „die Hoffnungen auf eine reichere Ausstattung des Denkmals aufzugeben sind“. Die gesammelten

7 500 Mark reichten aber aus, eine überlebensgroße Büste aus Bronze auf einen hohen Sockel aus geschliffenem Granit zu liefern. „Der in Berlin ansässige, von hier gebürtige Bildhauer Hugo Berwald-Schwerin hat sich dazu bereit erklärt. Die Ausführung des Denkmals kann deshalb mit gutem Gewissen als gesichert bezeichnet werden." Dem Kaiser wird dann deutlich gemacht, daß mit dem von ihm in Aussicht gestellten Beitrag von 1 000 Mark „die im Ganzen nicht erheblichen Aufstellungskosten auf dem in Aussicht genommenen schönen Platz vor dem Friedrich-Franz-Gymnasium aufs beste zu bestreiten sind".

Endlich, am 4. Juni 1894, teilt der Reichskanzler mit, „daß die Reichs-Hauptkasse Anweisung erhalten hat, den Beitrag in Höhe von 1 000 M an den Schatzmeister des Denkmal-Komitees gegen Quittung zu bezahlen". Hugo Berwald erhält daraufhin den Auftrag zur Ausführung.

Fast 3½ Jahre mußten vergehen, ehe Schliemanns mecklenburgische Heimat die erforderlichen Finanzen für die Errichtung eines Denkmals für ihren berühmten und verdienstvollen Landsmann bereitstellen konnte – und dies nicht einmal aus eigener Kraft!

Die „Mecklenburgische Zeitung" berichtet am 15. August 1895 über die Aufstellung des Schliemanndenkmals in den Anlagen am Pfaffenteich vor dem Gymnasium. Am 22. August wird die feierliche Enthüllung vorgenommen. Die Zeitung schreibt: „Zu der heutigen Enthüllung waren die Anlagen auf das sauberste hergerichtet, die Erdanschüttung um das Denkmal mit Epheu bepflanzt und eingefaßt. Hinter dem Denkmal hatte man in einem Halbkreis mit Eichenlaub umwundene Mastbäume aufgestellt, welche untereinander wiederum mit Eichenguirlanden verbunden waren und von denen Banner in den mecklenburgischen Landesfarben wehten. Vor dem mit einer weißen Leinwandhülle umkleideten Denkmal hatte sich eine Zeit vor Beginn der Enthüllung zahlreiches Publikum versammelt, weiter waren zur Enthüllung die Herren Museumsdirektor Prof. Dr. Schlie, die Bürgermeister Geh. Hofrat Bade und Tachert, Geh. Kammerrat v. Koppelow und Herr Dietrich v. Oertzen erschienen, welche vor dem Denkmal Aufstellung nahmen".

Prof. Dr. Schlie hält die Festansprache. Er sagt u. a.: „Wir ehren mit diesem Denkmal einen Mann, der als Landsmann uns und unserem engeren Vaterlande zu großer Ehre gereicht hat, einen Mann, der aus den bescheidensten Anfängen zu hohen Zielen emporgedrungen ist, einen Mann, der es zu wissenschaftlichen Leistungen brachte, zu hochbedeutenden Leistungen, einen Mann, der es wegen seiner reinen hohen Begeisterung für das Klassische Altertum und den Homer wohl verdient, sein Antlitz dem Gymnasium zuzukehren, und in unserer Zeit, welche die bewährten Grundlagen höherer Bildung zu untergraben beginnt, als ein lebendiges Beispiel des Wertes dieser Grundlage für die Jugend aufgestellt zu werden, die von seiner Ausdauer und Energie lernen kann, wie Erfolge erreicht werden..."

Die Zeitung berichtet weiter: „Das neue Denkmal ist in

Das Heinrich-Schliemann-Denkmal am Pfaffenteich in Schwerin, zeitgen. Aufnahme

seiner Größe und Stellung nicht nur für die ganze Umgebung ein Schmuck, sondern gewährt auch in weiterer Ferne einen monumentalen ins Größere gehenden Anblick. Die Büste ist in 1½facher Lebensgröße in Bronze gearbeitet und ruht auf einem Sockel aus rotem schwedischen Granit. Die Gesamthöhe des Denkmals beträgt die nicht geringe von 3,75 m. Der Sockel trägt die einfache Inschrift: Heinrich Schliemann. Sein Bild repräsentiert sich als Porträtbüste in einfacher Gewandung, wie er sie im Leben trug. Mit außerordentlichem Glück und küstlerischem Geschick ist der große Gelehrte dargestellt, charakteristisch energisch – lebendig und geistvoll.“

Danach nimmt Schlie die feierliche Enthüllung vor. Am

gleichen Tag wird die Witwe Schliemanns in Athen telegrafisch über das Ereignis informiert.

Das Schliemanndenkmal in Schwerin hat die Zeiten überdauert. Noch heute steht es gegenüber dem damaligen Friedrich-Franz-Gymnasium auf den Terrassen am Pfaffenteich. Der Betrachter muß erfurchtsvoll hochschauen zu Heinrich Schliemann, dessen Büste tüchtig Grünspan angesetzt hat und auf der die Möven ihre unübersehbaren Spuren hinterlassen haben.

Generationen von Schülern des Gymnasiums hat Heinrich Schliemann als Vorbild für Lerneifer und Strebsamkeit gedient. Sie scheinen aber nicht vor Ehrfurcht erstarrt zu sein. Zu allen Zeiten bis in die jüngste Gegenwart hinein haben die Abiturienten ihren traditionellen Schabernack mit Heinrich Schliemann getrieben. Während der Abiturprüfungen wurden ihm die Augen verbunden, er wurde auf dem Sockel gedreht, von ihm abgehoben, ja sogar im Wasser des Pfaffenteiches versenkt. Schliemann sollte sich nicht der eklatanten Versager in den Prüfungen – besonders in Geschichte und den Sprachfächern – zu schämen brauchen. Natürlich ist dieses respektlose Verhalten der Jugend von offizieller Seite nie geduldet worden. Zu DDR-Zeiten hat man die Büste auf dem Sockel sogar festzementieren lassen – alles vergeblich. Schliemann hat die Stürme der Zeit fast ohne Schaden überstanden, und wohl nie wollte man ihn ernsthaft von seinem Sockel verbannen.

LEBEN UND WERK HEINRICH SCHLIEMANNS
(Zeittafel)

1822 Am 6. Januar Geburt in Neubukow (Mecklenburg) als fünftes Kind einer Pastorenfamilie.
Vater: Ernst (1780–1870), Mutter: Louise, geb. Bürger (1793–1831).

1823 Übersiedlung der Familie nach Ankershagen bei Waren (Mecklenburg).

1831 Tod der Mutter im 38. Lebensjahr.

1832 Aufnahme in der Familie seines Onkels Friedrich Schliemann, Pastor in Kalkhorst bei Grevesmühlen (Mecklenburg).
Vorbereitung auf den höheren Schulbesuch.

1833 Besuch des Gymnasium in Neustrelitz für kurze Zeit, baldiges Überwechseln auf die Realschule aus finanziellen Gründen.

1836 Beginn einer Kaufmannslehre in einer Materialwarenhandlung in Fürstenberg.

1841 Verlassen Fürstenbergs als Handlungsgehilfe, geht über Rostock nach Hamburg.
Auswanderung nach Venezuela scheitert bei einem Schiffbruch vor der holländischen Küste.

1842 Bürodiener in Amsterdam.

1844 Korrespondent und Buchhalter im Kontor des Amsterdamer Handelshauses B. H. Schröder & Co., später Handelsagent dieses Hauses.

1846 Gründung und Leitung einer Handelsniederlassung in St.Petersburg im Auftrage der Firma Schröder. Aufstieg zum erfolgreichen Kauf- und Geschäftsmann.

1847 Eröffnung eines eigenen Handelshauses in St. Petersburg als 25jähriger.

1851 Aufenthalt in Kalifornien. Kapitalanlage im Eisenbahnbau. Eröffnung einer Goldgräberbank in Sacramento.

1852 Ehe mit Jekaterina Petrowna Lyshina (1826–1896) in St.Petersburg. Drei Kinder: Sergej (1855), Natalia (1859), Nadeshda (1861). Errichtung einer Handelsfiliale in Moskau.

1853 Lieferant der zaristischen Armee im Krimkrieg.

1856 Nach Beendigung des Krimkrieges Versuch, aus dem Handelsgeschäft auszusteigen, Ländereien zu erwerben und weiteres Leben den Wissenschaften zu widmen.

1859 Reise in den Orient (Ägypten, Palästina, Syrien).

1864 Endgültige Liquidierung der Handelsgeschäfte.
Verlassen Rußlands. Mehrjährige Weltreisen u. a. nach Ägypten, Indien, China, Japan sowie Nord- und Mittelamerika.

1866 Beginn eines Universitätsstudiums in Paris

1867 Erstes Buch: „La Chine et le Japon au temps présent".

1868 Reise nach Italien, Griechenland und Kleinasien. Identifizierung von Hissarlik mit dem Troja Homers.

1869 Zweites Buch: „Ithaque, le Péloponnèse, Troie. Recherches archéologiques".
Promotion zum Doktor der Philosophie durch die Universität Rostock.
Reise nach Nordamerika. Annahme der amerikanischen Staatsbürgerschaft. Scheidung der ersten Ehe in Indianapolis.
Übersiedlung nach Athen. Zweite Ehe mit der 17jährigen Griechin Sophia Engastromenos (1852–1932). Zwei Kinder: Andromache (1871) und Agamemnon (1878).

1871 Beginn der ersten Grabungskampagne in Troja.

1873 Entdeckung des „ Priamos-Schatzes". Illegale Ausfuhr des Schatzes aus der Türkei.

1874 Drittes Buch: „Trojanische Alterthümer" und „Atlas Trojanischer Alterthümer" bei Brockhaus in Leipzig.
Prozeß der Türkei gegen Schliemann wegen der Ausfuhr des trojanischen Goldschatzes.

1875 Vortrags- und Museumsreise durch Europa. Grabungen in Italien und Sizilien (Alba Longa und Motye).

1876 Ehrenmitglied der „Society of Antiquaries“ in London.
Grabung in Mykene. Entdeckung von fünf Schachtgräbern (1600 v. Chr.) mit goldreichen Grabbeigaben, darunter die „Maske des Agamemnon“. Freilegung der „Kuppelgräber des Atreus und der Klytämnestra“.

1877 Ehrenmitglied der „Deutschen Gesellschaft für Anthropologie, Ethnologie und Urgeschichte“.
Aufenthalt in London, Aufstellung der troj. Sammlung im South-Kensington-Museum.

1878 Viertes Buch: „Mykenae“.
Zweite Grabungskampagne in Troja.

1879 Teilnahme von Virchow an den Ausgrabungen in Troja und gemeinsame Trojareise.
Hausbau in Athen durch den Architekten Ernst Ziller.

1880 Erste Ausgrabung in Orchomenos. Freilegung des „Schatzhauses des Minyas“.

1881 Schenkung der „Trojanischen Sammlung“ an das deutsche Volk nach Berlin.
Fünftes Buch: „Ilios, Stadt und Land der Trojaner, Forschungen in der Troas“.
Zweite Ausgrabung in Orchomenos unter Teilnahme von Wilhelm Dörpfeld.
Aufstellung der trojanischen Sammlung im Kunstgewerbemuseum in Berlin.
Sechstes Buch: „Orchomenos.
Verleihung der Ehrenbürgerschaft von Berlin.
Siebentes Buch: „Reise in die Troas“.

1882 Eröffnung der Schliemann-Sammlung in zwei Sälen des Kunstgewerbemuseums in Berlin.
Dritte Grabungskampagne in Troja unter Mitarbeit von Wilhelm Dörpfeld.

1883 Suche nach den Grabstätten der Gefallenen der Perserkriege an den Thermopylen und bei Marathon.
Ehrendoktor der Universität Oxford und Ehrenmitglied des Queen's College.
Vierwöchiger Aufenthalt in Ankershagen.

1884 Grabungen in Marathon. Grabungen in Tiryns unter Teilnahme von Wilhelm Dörpfeld. Entdeckung des Palastes. Achtes Buch: „Troja".

1885 Fortsetzung der Ausgrabungen in Tiryns.
Überreichung der „Großen goldenen Medaille für Kunst und Wissenschaft" durch Königin Victoria in London.
Vortragsreise durch Europa.

1886 Neuntes Buch: „Tiryns".
Dritte Grabung in Orchomenos mit Wilhelm Dörpfeld. Vergebliche Bemühungen um Ausgrabungen in Knossos/Kreta.

1888 Grabungen in Alexandria. Ägyptenreise mit Rudolf Virchow.

1889 Beginn der vierten Grabungskampagne in Troja mit Wilhelm Dörpfeld. Erste Gelehrtenkonferenz in Troja (Bötticher-Streit).

1890 Zweite internationale Troja-Konferenz. Gemeinsame Reise von Schliemann und Virchow durch die Troas. Fortsetzung der Grabungen in Troja durch Dörpfeld.
Zehntes Buch: „Bericht über die Ausgrabungen in Troja im Jahre 1890", erscheint nach Schliemanns Tod 1891.
Ohrenoperation in Halle.
26. Dezember Tod in Neapel während der Rückreise nach Athen.

1891 Am 4. Januar Beisetzung in einem Grabmal in Athen.

DIE ELTERN UND GESCHWISTER HEINRICH SCHLIEMANNS IN MECKLENBURG

Vater:	Ernst Johann Adolph Schliemann (27. 8. 1780, Gresse/Meckl. – 4. 11. 1870, Lyck/Ostpr.)
1. Ehe:	25. 11. 1813 in Kladow b. Sternberg mit Mutter: Louise Therese Sophie Bürger (19.5.1793, Sternberg/Meckl. – 22. 3. 1831, Ankershagen/Meckl.)
Kinder:	
1.	Johann Joachim Heinrich (8. 5. 1815, Neubukow – 24. 3. 1822, Neubukow)
2.	Karoline Luise Elise Auguste (9. 5. 1816, Neubukow – 15. 4. 1890, Schwerin) unverheiratet
3.	Sophie Friederike Anna Dorothea (1. 4. 1818, Neubukow – 16. 1. 1912, Röbel); Ehe: 14. 9. 1860 in Röbel mit Johann Petrowski (Amtssekretär) (21. 9. 1812, Güstrow – 10. 5. 1879, Röbel) kinderlos
4.	Friederike Juliane Wilhelmine (1. 5. 1819, Neubukow – 24. 6. 1883, Bad Reinerz); Ehe: 1862 in Lyck mit Wilhelm Kuhse (Gymnasiallehrer) (27. 12. 1822, Brechen – 17. 10. 1892, Potsdam) kinderlos
5.	Johann Ludwig Heinrich Julius (6. 1. 1822, Neubukow – 26. 12. 1890, Neapel)
6.	Karl Friedrich Ludwig Heinrich (Unternehmer) (18. 11. 1823, Ankershagen – 21. 5. 1850, Sacramento/Kalif.) unverheiratet
7.	Franz Friedrich Helmut Theodor (29. 11. 1825, Ankershagen – 18. 1. 1826, Ankershagen)
8.	Maria Louise Helene (10. 6. 1827, Ankershagen – 28. 2. 1909, Dargun); Ehe: 6. 5. 1859 in Röbel mit Martin Pechel (Lehrer und Kantor) (10. 4. 1821, Sievershagen – 14. 8. 1895, Dargun) Kinder

9. Paul Friedrich Ulrich Heinrich (Gärtner und Inspektor) (13. 1. 1831, Ankershagen – 2. 11. 1852, Deutsch-Eylau) unverheiratet

2. Ehe des Vaters:

30. 7. 1838 in Toitenwinkel b. Gehlsdorf mit Sophia Christiane Dorothea Behnke (14. 4. 1814, Friederikenshof b. Penzlin – 11. 3. 1902, Omulle)

Kinder:

1. Karl Otto Ferdinand Theodor (7. 5. 1839, Gehlsdorf – 3. 2. 1842, Jamielnik/Westpr.)
2. Wilhelm Adolf Christian, genannt „Ernst" (Weinhändler) (15. 7. 1841, Gehlsdorf – 24. 3. 1899, Berlin) verheiratet, 1 Tochter
3. Auguste (unehelich, von Ernst Schliemann als Tochter anerkannt) (1. 11. 1843, Jamielnik/Westpr. – 1. 11. 1926, Berlin) verheiratet 1863 mit Alexander Fahrke, 4 Kinder

PERSONENERLÄUTERUNGEN

Ahlers, Friederike, geb. von Rusdorf, Frau von Bürgermeister Wilhelm Ahlers
Ahlers, Wilhelm (1810–1889), langjähriger Brieffreund Schliemanns, Geh. Hofrat, Bürgermeister von Neubrandenburg
Anastasia, Großherzogin, Gattin des Großherzogs von Mecklenburg-Schwerin, Friedrich Franz III.
Andreß, Carl [Schliemann schreibt Andres] (1808–1885), Sprachlehrer Schliemanns in Kalkhorst, Hofbibliothekar in Neustrelitz, Übersetzer des Buches „Ithaka ..."
Bachmann, L.,Professor, Gräzist an der Universität Rostock und Gutachter für Schliemanns Dissertation
Bahlmann, J. H., Freund des Vaters und Briefpartner Schliemanns, Getreidehändler und Gütermakler in Waren/Müritz
Becker, Auguste, Tochter von Pastor Hans Becker
Becker, Hans (1814–1890), Vetter Schliemanns, Pastor in Ankershagen
Behnke, Sophie, verh. Schliemann (1814–1902), zweite Frau des Vaters, zuvor Magd in Anke
Bernstorff, Auguste von, geb. von Dewitz (1812–1886), Tochter des meckl.-strel. Ministerpräsidenten von Dewitz, Frau des meckl.-strel. Ministerpräsidenten Wilhelm von Bernstorff
Bismarck, Otto von (1815–1898), Deutscher Reichskanzler
Bötticher, Ernst (geb. 1842), Amateurarchäologe, Preußischer Hauptmann a. D., scharfer Gegner Schliemanns
Brockhaus, Eduard (1829–1914), seit 1854 Teilhaber des Verlages F. A. Brockhaus, Verleger und langjähriger Briefpartner Schliemanns
Brockhaus, F. A., Leipziger Verlagshaus, verlegte seit 1874 die archäolog. Bücher Schliemanns
Brunn, Heinrich von (1822–1894), Professor der Archäologie in München
Calder III, William M., Professor, amerikanischer Philologe und Schliemannforscher

Calvert, Frank (1828–1908), amerikanischer Konsul in den Dardanellen, Amateurarchäologe, Besitzer eines Teiles des Hügels Hissarlik

Conradi, Christian (1793–1882), Pastor in Ankershagen, Amtsnachfolger Ernst Schliemanns

Diestel, Johanna, Cousine Schliemanns, Gutsherrin von Grambow/Meckl.

Dörpfeld, Wilhelm (1853–1940), enger Mitarbeiter Schliemanns, Architekt und Archäologe

Dräger, Tagelöhner in Ankershagen, Knecht bei Ernst Schliemann

Dühr, Gymnasialprofessor in Friedland, kam mit Schliemann durch Minna Richers in briefliche Verbindung

Friedrich Franz I. (1756–1837), von 1815–1837 Großherzog in Meckl.-Schwerin, suspendierte den Vater Schliemanns vom Dienst

Friedrich Franz II. (1823–1883), von 1842–1883 Großherzog in Meckl.-Schwerin, zeichnete Schliemann mit der „Goldenen Medaille“ aus

Friedrich Franz III. (1851–1897) von 1883–1897 Großherzog in Meckl.-Schwerin, unterstützt die Aufstellung eines Denkmals für Schliemann in Schwerin

Friedrich Wilhelm (1819–1904), von 1860–1904 Großherzog von Mecklenburg-Strelitz

Frölich, Luise, geb. Meincke (1817–1896), Schwester Minna M., Frau des Präpositus Franz Frölich in Neubrandenburg

Holtz, Ernst Ludwig (1776–1836), Kaufmann und Lehrherr Schliemanns in Fürstenberg

Hückstädt, Hans Theodor [Schliemann schreibt Hückstaedt] (1812–1872), Kaufmann und Lehrherr Schliemanns in Fürstenberg, Nachfolger von Holtz

Karsten, Hermann, Professor, Dekan der Philosophischen Fakultät der Universität Rostock z. Z. der Promotion Schliemanns

Laue, Karl Ernst (1790–1860), Pensionsvater Schliemanns in Neustrelitz, Hofmusikus

Lenz, Wilhelm (1816–1896), Schulkamerad Schliemanns in Neustrelitz, gemeinsam mit Schliemann Lehrling in Fürstenberg, Kaufmann in Penzlin

Lisch, Friedrich (1801–1883), Großherzogl. Archivar in Schwerin, bedeutender Vor- und Frühgeschichtler

Ludwig (Cohn), Emil (1881–1948), Dr. phil., dt. Schriftsteller und Schliemannbiograph

Maltzan, Hermann Friedrich Joachim von, Frhr. (1843–1891), Gutsbesitzer, Naturforscher und Dichter. Gründete das nach ihm benannte „Naturhistorische Museum für Mecklenburg" in Waren/ Müritz

Marie, Großherzogin von Mecklenburg-Strelitz (1796–1880), geb. Prinzessin von Hessen-Kassel, Witwe des Großherzogs Georg, Mutter des Großherzogs Friedrich Wilhelm

Meincke, Ernst (1819–1899), Bruder von Minna M., Pensionsgefährte Schliemanns in Neustrelitz, Gutsbesitzer in Mecklenburg

Meincke, Minna, verh. Richers (1821–1910), Jugendfreundin Schliemanns in Ankershagen, Tochter eines Gutspächters in Zahren

Meyer, Ernst (1888–1968), Dr. phil., Studienrat in Neustrelitz, Schliemannforscher und -biograph

Meyer, Mathilde, geb. Hückstädt, Tochter von Schliemanns Lehrherrn in Fürstenberg und Ehefrau von dessen Geschäftsnachfolger. Ihre Tochter Nausikaa war Schliemanns Patenkind.

Niederhöffer, Hermann (1813–1889), Sohn des Pfarrers Mag. Dr. Niederhöffer in Röbel, des Herausgebers der Meckl. Volkssagen, Müllerlehrling, deklamierte in Fürstenberg Homers griechische Verse

Prange, Johann Carl (1755–1842), Küster in Ankershagen

Reuter, Fritz (1810–1874), bedeutendster niederdt. Schriftsteller

Rusdorf, Wulfrath Ludolf von [Schliemann schreibt Russdorf] (1773–1822) Pastor in Ankershagen von 1800–1822, Amtsvorgänger von Ernst Schliemann

Rust, Wilhelm (1820–1910), Freund und Schulkamerad Schliemanns, Bankier und Kaufmann in Neustrelitz, wichtiger Briefpartner Schliemanns

Sanders, Daniel (1819–1897), Briefpartner Schliemanns, Lexikograph und Sprachforscher aus Neustrelitz

Schlie, Friedrich (1839–1902), Freund und Förderer Schliemanns, Direktor der Großherzogl. Kunstsammlungen in Schwerin

Schliemann*)

Schliemann, Adolph, Vetter Schliemanns in Kalkhorst, bis 1870 Justizrat in Schwerin, dann bis zu seinem Tode (1872) Reichsoberhandelsgerichtsrat in Leipzig

Schliemann, Agamemnon (1878–1954), Sohn aus der griech. Ehe Schliemanns

Schliemann, Andromache (1871–1962), Tochter aus der griech. Ehe Schliemanns

Schliemann, Friedrich, Onkel Schliemanns in Kalkhorst, evang. Pfarrer, Schliemann wird von ihm nach dem Tod der Mutter aufgenommen

Schliemann, Jekaterina, geb. Lyshina (1826–1896), erste Ehefrau Schliemanns, Tochter einer einflußreichen Kaufmanns- und Juristenfamilie in St. Petersburg

Schliemann, Magdalena, Tante Schliemanns in Kalkhorst

Schliemann, Sophia, geb. Engastromenos (1852–1932), zweite Ehefrau Schliemanns, Tochter eines Tuchhändlers in Athen

Schliemann, Sophie, Cousine Schliemanns in Kalkhorst

Schwarz, Sophie, Magd der Eltern Schliemanns im Pfarrhaus in Ankershagen, Anlaß für die Amtsenthebung des Vaters

Stoll, Heinrich Alexander (1910–1977), meckl. Schriftsteller und Schliemannbiograph

Suhrweier, Friedrich [Schliemann schreibt Suhrweyer] (gest. 1888), Tagelöhner in Ankershagen, Knecht bei Ernst Schliemann

Traill, David A., Professor, amerikanischer Philologe und Schliemannforscher

Virchow, Rudolf (1821–1902), enger Freund und Förderer Schliemanns, Arzt, Prähistoriker und liberaler Politiker

Voß, Johann Heinrich (1751–1826), bedeutendster Übersetzer von Homers „Ilias“ und „Odyssee“, 1769–1772 Hauslehrer im Gutsschloß in Ankershagen

---

*) Die Angehörigen von Heinrich Schliemanns engerer mecklenburgischen Familie siehe „Die Eltern und Geschwister Heinrich Schliemanns in Mecklenburg“

Wachenhusen, Onkel Schliemanns in Vipperow b. Röbel
Wachenhusen, Fritz, Vetter Schliemanns in Vipperow b. Röbel
Wendt, J. F., väterlicher Freund Schliemanns, ein Jugendfreund der Mutter, Schiffsmakler in Hamburg
Winckelmann, Ernst [Schliemann schreibt Winkelmann], während der Amtszeit des Vaters in Ankershagen Gutsbesitzer
Wöllert, Daniel Bernhard Christian (1779–1855), genannt Peter Hüppert, Dorfschmied und Totengräber in Ankershagen
Wossidlo, Richard (1859–1939), bedeutender meckl. Heimatforscher und Sprachkundler
Ziller, Ernst (1837–1923), Architekt und Archäologe, entwarf und erbaute Wohnhaus und Grabmal Schliemanns in Athen

LITERATURVERZEICHNIS

Bahlcke, Wieland: Minna Meincke – Dichtung und Wahrheit, Erinnerung und Legende. Privat, 1990
Bölke, Wilfried: Heinrich Schliemann und Ankershagen. Heimat, Kindheit und Elternhaus. Mitteilungen aus dem Heinrich-Schliemann-Museum Ankershagen, Heft 2, 1988
Bölke, Wilfried: Der Traum von Troja – Dichtung oder Wahrheit? In: Carolinum 53, 1989/90, S. 59–67
Bölke, Wilfried: Kindheit und Jugendzeit von Heinrich Schliemann in Mecklenburg. In: Das Altertum 36, 1990, S. 197–208
Bölke, Wilfried: Schliemanns Kindheit in Ankershagen in der Sicht der Biographen und nach Auswertung neuer Quellen. In: Heinrich Schliemann nach hundert Jahren, Frankfurt a. M. 1990, S. 170–190

Bölke, Wilfried: Heinrich Schliemann und die „Wunder“ von Ankershagen. In: Mecklenburger Impressionen, Penzlin-Ankershagen-Hohenzieritz, Leipzig 1994, S. 35–43. In: Heimathefte für Mecklenburg und Vorpommern 6, 1996, S. 15–21

Bölke, Wilfried: Das Heinrich-Schliemann-Denkmal in Schwerin. In: Mitteilungen aus dem Heinrich-Schliemann-Museum Ankershagen, Heft 3, 1995, S. 162–171

Buchholz, Hans-Günter: Die Archäologenfreundschaft zwischen Heinrich Schliemann und Friedrich Schlie. Der Briefwechsel zweier bedeutender Mecklenburger. Mitteilungen aus dem Heinrich-Schliemann-Museum Ankershagen, Heft 3, 1995

Calder III, William M.: Schliemann on Schliemann: A Study in the Use of Sources. In: Greek, Roman and Byzantine Studies 13, 1972, S. 335–353

Calder III, William M./Cobet J.(Hrsg.): Heinrich Schliemann nach hundert Jahren, Frankfurt a. M. 1990

Crepon, Tom/Bölke, Wilfried: Heinrich Schliemann – Odyssee seines Lebens, Berlin 1990

Deuel, Leo: Heinrich Schliemann. Mit Selbstzeugnissen und Bilddokumenten, München-Wien 1979

Döhl, Hartmut: Heinrich Schliemann – Mythos und Ärgernis, München-Luzern 1981

Einsle, Hans/Bölke, Wilfried: Das Heinrich-Schliemann-Lexikon, Bremen 1996

Haak, Walter: Neubukow – Zur Geschichte einer kleinen mecklenburgischen Stadt, II. Teil, Neubukow 1985

Herrmann, Joachim: Heinrich Schliemann. Wegbereiter einer neuen Wissenschaft, Berlin 1990

Herrmann, Joachim (Hrsg.): Heinrich Schliemann – Grundlagen und Ergebnisse moderner Archäologie 100 Jahre nach Schliemanns Tod, Berlin 1992

Irmscher, Johannes: Daniel Sanders, ein Weggenosse Heinrich Schliemanns. Vortrag 1990 in Ankershagen (unveröffentlicht)

Karbe, Walter: Heinrich Schliemann in seinen Beziehungen zu Mecklenburg-Strelitz. In: Mecklenb.-Strelitzer Heimatblätter 1, 1925, S. 9–13

Korrés, Georgios St.: Bibliografia Errikou Sliman, Athen 1974
Ludwig, Emil: Schliemann. Geschichte eines Goldsuchers, Berlin-Wien-Leipzig 1932
Meyer, Ernst: Der „Professor" Andreß. In: Mecklenb.-Strelitzer Heimatblätter 4, 1928, S. 49–55
Meyer, Ernst: Heinrich Schliemanns Besuch in Ankershagen im Jahre 1883. In Mecklenburgische Monatshefte 7, 1931, S. 41–44
Meyer, Ernst: Schliemann und seine Heimat. In: Mecklenburgische Monatshefte 10, 1934, S. 210–214
Meyer, Ernst (Hrsg.): Briefe von Heinrich Schliemann, Berlin-Leipzig 1936
Meyer, Ernst (Hrsg.): Heinrich Schliemann. Briefwechsel, Berlin; Bd. I (1953) von 1842–1875; Bd. II (1958) von 1876–1890
Meyer, Ernst: Heinrich Schliemann – Kaufmann und Forscher, Göttingen-Zürich-Berlin-Frankfurt 1969
Richter, Wolfgang: Heinrich Schliemann und die Stadt Rostock. In: Wissenschaftliche Zeitschrift der Universität Rostock 33, 1984, S. 40–49
Richter, Wolfgang: Heinrich Schliemann – Dokumente seines Lebens, Leipzig 1992
Schindler, Wolfgang: Heinrich Schliemann – Leben und Werk im Spiegel der neueren biographischen Forschungen. In: Philologus 120, 1976, S. 271–289
Schindler, Wolfgang: Dichtung und Wahrheit – Schliemanns Selbstbiographie im Kontext. In: Heinrich Schliemann nach hundert Jahren, Frankfurt a. M. 1990, S. 152–169
Schindler, Wolfgang: Werk und Leben Heinrich Schliemanns. In: Heinrich Schliemann – Grundlagen und Ergebnisse moderner Archäologie 100 Jahre nach Schliemanns Tod, Berlin 1992, S. 15–21
Schlie, Friedrich: Das Leben Schliemanns. In: Im Neuen Reich 6, 1876, S. 281–291
Schlie, Friedrich: Schliemann und seine Bestrebungen, Schwerin 1876. In: Mitteilungen aus dem Heinrich-Schliemann-Museum Ankershagen, Heft 3, 1995, S. 138–150

Schliemann, Heinrich: Ilios, Stadt und Land der Trojaner. Forschungen und Entdeckungen in der Troas und besonders auf der Baustelle von Troja. Mit einer Selbstbiographie des Verfassers, Leipzig 1881
Schliemann, Heinrich: Heinrich Schliemann's Selbstbiographie. Bis zu seinem Tode vervollständigt durch Alfred Brückner. 1. Auflage hrsg. von Sophia Schliemann, Leipzig 1892; ab 3. Auflage hrsg. von Ernst Meyer; unveränderter Nachdruck von 1892 hrsg. von Wilfried Bölke, Ankershagen 1996
Stoll, Heinrich Alexander: Der Traum von Troja – Lebensroman Heinrich Schliemanns, Leipzig 1956
Stoll, Heinrich Alexander: Abenteuer meines Lebens – Heinrich Schliemann erzählt, Leipzig 1958
Stoll, Heinrich Alexander: Die Heliosmetope. Ein unveröffentlichter Brief-wechsel zwischen Schliemann und Friedrich Franz II. von Mecklenburg. In: Klio, Beiträge zur Alten Geschichte 37, 1959, S. 273–284
Traill, David A.: Schliemann's „Dream of Troy" – The Making of a Legend. In: Classical Journal 81, 1985, S. 13–24
Traill, David A.: Schliemann of Troy – Treasure and Deceit, London 1995
Weber, Shirley H.: Schliemann's First Visit to America, Cambridge (Mass.) 1942
Zimmermann, Konrad: Heinrich Schliemann – ein Leben zwischen Traum und Wirklichkeit. In: Klio 64, 1982, S. 513–531

Hinweis zur Schreibweise der Zitattexte:

Wenn bei Zitaten auf die Originaldokumente zurückgegriffen werden konnte, wurde die im vorigen Jahrhundert übliche Orthographie übernommen. Das trifft auch für die von Schliemann angewandte individuelle Schreibweise, einschließlich der Abkürzungen und Schreibfehler zu. Notwendige Erläuterungen und Ergänzungen des Autors im Text wurden in eckige Klammern gesetzt.

Abbildungsnachweis

Archiv der Evang.-Luth. Landeskirche Mecklenburgs, Schwerin, S. 61
Bahlcke, Wieland, Hann. Münden, S. 132, 134, 136, 137, 154, 219
Bölke, Dr. Wilfried, Ankershagen, S. 28, 32, 48, 55, 56, 57,
Gennadios-Bibliothek, Athen, S. 170
Heinrich-Schliemann-Museum, Ankershagen, S. 4, 15, 16, 17, 19, 21, 35, 40, 46, 51, 62, 65, 67, 73, 79, 80, 83, 85, 86, 89, 92, 93, 94, 101, 102, 103, 120, 123, 124, 125, 135, 145, 153, 160, 161, 165, 167, 174, 175, 178, 182, 183, 190, 191, 197, 207, 209, 218
Mecklenburgisches Landeshauptarchiv, Schwerin, S. 141, 149, 179

ZUM AUTOR

Wilfried Bölke wurde 1938 in Schlawe/Pommern geboren. 1944 Flucht aus Bromberg/Westpreußen nach Beelitz/Mark. Abitur in Potsdam. Landwirtschaftsstudium von 1957 bis 1963 (Diplom) in Halle/Saale. Seit 1964 im Kreis Waren/Müritz wissenschaftlicher Mitarbeiter in einer Pflanzenzüchtungs-Einrichtung. 1974 Promotion an der Universität Rostock zum Dr. agr.
Mitbegründer der Schliemann-Gedenkstätte in Ankershagen im Jahre 1980. Seit 1986 Leiter des Heinrich-Schliemann-Museums. Forschungen zur Biographie Heinrich Schliemanns und Herausgeber der Schriftenreihe „Mitteilungen aus dem Heinrich-Schliemann-Museum Ankershagen". Mitautor der Schliemannbiographie „Heinrich Schliemann – Odyssee seines Lebens" (gemeinsam mit Crepon, Tom; 1990) und des Nachschlagewerkes „Das Heinrich-Schliemann-Lexikon" (mit Einsle, Hans; 1996). Zahlreiche weitere Veröffentlichungen in Fachzeitschriften.
Initiator und Organisator mehrerer Kolloquien über Heinrich Schliemann. Referent auf internationalen Schliemanntagungen. Studienreisen nach Griechenland, in die Türkei, nach Rußland und in die Niederlande.
Auszeichnung mit der Schliemann-Medaille der Akademie der Wissenschaften zu Berlin und des Kreises Waren/Müritz.
Mitbegründer der Heinrich-Schliemann-Gesellschaft Ankershagen e. V. und Mitglied des Vorstandes.
Lebt in der Gemeinde Ankershagen, Ortsteil Bocksee, im Landkreis Müritz. Verh., zwei Kinder.

Heinrich-Schliemann-Museum Ankershagen
Lindenallee 1, 17219 Ankershagen
Tel.: (03 99 21) 32 52; Fax: (03 99 21) 32 12

Das Heinrich-Schliemann-Museum befindet sich seit 1980 im ehemaligen Elternhaus (Pfarrhaus) des weltbekannten Archäologen.

In der Gedenk- und Forschungsstätte wird der Besucher mit dem Lebensweg und dem wissenschaftlichen Wirken des Troja-Ausgräbers bekanntgemacht. Gezeigt werden Originalfundstücke aus Troja (Keramikgefäße und Bronzefunde), Nachbildungen aus dem „Schatz des Priamos", von Goldfunden aus den Schachtgräbern von Mykene (u. a. die „Totenmaske des Agamemnon") sowie Fotos, Dokumente und Sachzeugen aus Schliemanns Kindheit und Jugend in Mecklenburg, von seiner Familie und seinen Freunden.
Neben der Ausstellungs- und Öffentlichkeitsarbeit leistet das Schliemann-Museum durch Forschungsarbeit einen eigenständigen Beitrag zur objektiven Beurteilung des in Mecklenburg geborenen Archäologen. Dazu gehören:
– Herausgabe einer Schriftenreihe und von Veröffentlichungen
– Durchführung wissenschaftlicher Kolloquien und Vorträge

Alle zwei Jahre werden am ersten Juliwochenende die „Ankershagener Museumstage“ veranstaltet.

Ankershagen liegt am Rande des Müritz-Nationalparkes, zwischen der Kreisstadt Waren und der Kleinstadt Penzlin. Den besonderen Reiz für den Besucher dieses Dorfes macht die Kombination der reichen kulturhistorischen Vergangenheit mit der unberührten Landschaft seiner Umgebung aus. Auf Fuß- oder Radwanderungen kann man die Ursprünglichkeit des Havelquellgebietes erleben oder die noch im Original vorhandenen Bezugspunkte aus Schliemanns Kindheit aufspüren.

Schliemanns Elternhaus, ein Fachwerkbau aus der ersten Hälfte des 18. Jahrhunderts, mit dem ehemaligen Kinderzimmer am hinteren Giebel des Dachbodens, ist ebenso erhalten wie Reste des übrigen denkmalgeschützten Pfarrgrundstückes. Dazu zählen der Teilbau des schilfgedeckten Stallgebäudes und ein weitläufiger Pfarrgarten mit dem legendären „Silberschälchen“.

Gegenüber dem Pfarrgrundstück erhebt sich eine bemerkenswerte Feldsteinkirche aus dem 13. Jahrhundert mit wiederentdeckten Wandmalereien. Auf dem Friedhof befindet sich das Grab der Mutter Schliemanns.

Im Außengelände des Museums steht ein riesiges hölzernes „Trojanisches Pferd“, das als Kinderspielgerät gestaltet ist. Hier können Kinder den Geschehnissen des trojanischen Krieges nachspüren und sich mit der griechischen Sagenwelt bekanntmachen.

Publikationen des Heinrich-Schliemann-Museums Ankershagen

Mitteilungen aus dem Heinrich-Schliemann-Museum Ankershagen. Herausgegeben von Dr. Wilfried Bölke. Begründet 1987. Schriftenreihe erscheint in unregelmäßigen Abständen

Bisher erschienen:

Heft 1/1987. Vorträge anläßlich des Kolloquiums „Heinrich Schliemann und Rudolf Virchow“ am 6. Juli 1985 in Ankershagen (68 S., vergriffen)

Heft 2/1988. Wilfried Bölke: Heinrich Schliemann und Ankershagen – Heimat, Kindheit und Elternhaus (100 S., 10,– DM)

Heft 3/1995. Hans-Günter Buchholz: Die Archäologenfreundschaft zwischen Heinrich Schliemann und Friedrich Schlie – Der Briefwechsel zweier bedeutender Mecklenburger (172 S., 20,– DM)

Heinrich Schliemann's Selbstbiographie. Bis zu seinem Tode vervollständigt. Unveränderter Nachdruck der ersten Ausgabe des F. A. Brockhaus-Verlages Leipzig von 1892 mit einer Nachbetrachtung von Wilfried Bölke, Heinrich-Schliemann-Museum Ankershagen 1996 (110 S., 20,– DM)

Bezugsmöglichkeiten:

Heinrich-Schliemann-Museum Ankershagen
Lindenallee 1
17219 Ankershagen

Heinrich-Schliemann-Gesellschaft Ankershagen e. V.
Sitz: Lindenallee 1, 17219 Ankershagen
Tel.: (03 99 21) 32 52; Fax: (03 99 21) 32 12

Die 1991 gegründete Heinrich-Schliemann-Gesellschaft ist eine Fördervereinigung für das im Jahre 1980 eingerichtete Heinrich-Schliemann-Museum in Ankershagen.
Aufgabe der Gesellschaft:
Förderung der wissenschaftlichen, der musealen und öffentlichkeitswirksamen Arbeit der Gedenk- und Forschungsstätte zum Leben, Werk und Wirken Heinrich Schliemanns.
Durch Vorträge, Führungen, Exkursionen und Veröffentlichungen trägt die Vereinigung dazu bei, Schliemanns Erbe zu bewahren und einer breiten Öffentlichkeit zugänglich zu machen.
Die Gesellschaft umfaßt etwa 200 Mitglieder aus mehr als 10 Ländern.
Mitglieder haben freien Eintritt im Schliemann-Museum, können die dortige Präsenzbibliothek nutzen und haben Vergünstigungen bei Museums- und Gesellschaftsveranstaltungen.
Mitglied der Heinrich-Schliemann-Gesellschaft kann werden, wer sich für das Leben und Wirken Heinrich Schliemanns interessiert, einen Beitrag zur Bewahrung seines Erbes leisten möchte und die Satzung der Gesellschaft anerkennt.
Spenden können eingezahlt werden bei der Müritz-Sparkasse Waren,
BLZ 150 501 00, Kto.-Nr. 640 033 458.

HEINRICH SCHLIEMANN
GEDENKSTÄTTE
Neubukow

Heinrich-Schliemann-Gedenkstätte Neubukow
Mühlenstraße 7, 18233 Neubuckow
Telefon: (03 82 94) 5 23

Die Heinrich -Schliemann-Gedenkstätte würdigt das Leben und Werk des am 6. Januar 1822 in Neubukow geborenen Kaufmannes und Altertumsforschers Heinrich Schliemann.
Anhand von Fotos und Dokumenten und einigen Originalfundstücken wird in der Ausstellung der Lebensweg und die Forscherleistung Heinrich Schliemanns dargestellt. Die Ausgrabungen in Troja stehen dabei im Mittelpunkt der Dokumentation.

Heinrich-Schliemann-Klub Neubukow e. V.
Stiller Winkel 3, 18233 Neubukow
Telefon: (03 82 94) 5 09

Der Heinrich-Schliemann-Klub Neubukow bemüht sich um die Erbepflege des bedeutenden Archäologen.
Aufgaben des Klubs:
- Förderung und Verbreitung des Wissens über Leben und Werk Heinrich Schliemanns

Der Klub organisiert monatliche Veranstaltungen wie Vorträge, Lesungen und Diskussionsabende zu den Themenbereichen
- Lebendige Antike
- Literarische Erkundungen
- Orts-, Regional- und Landesgeschichte Mecklenburg-Vorpommerns

Diese Veranstaltungen sind nicht nur Klubmitgliedern, sondern der interessierten Öffentlichkeit zugänglich.
Dem Verein gehören etwa 75 Mitglieder an.
Exkursionen und vielfältige Verbindungen zu anderen Vereinen beleben die Klubarbeit und tragen zur Bereicherung des kulturellen Lebens der Stadt Neubukow bei.
Klubmitglieder könnnen alle jene werden, die sich für die Pflege und Verbreitung des Erbes Heinrich Schliemanns einsetzen und auch zur kulturellen Bereicherung des Klubs und der Stadt Neubukow, dem Geburtsort Heinrich Schliemanns, beitragen möchten.
Spenden können eingezahlt werden bei der Raiffeisenbank Bad Doberan, BLZ 130 611 28, Kto.-Nr. 5 117 097

Notizen